——一个焦虑者的自我救赎

白永生/著

中国城市出版社

图书在版编目 (CIP) 数据

人生百天：一个焦虑者的自我救赎 / 白永生著. —
北京：中国城市出版社，2017.8（2020.10 重印）

ISBN 978-7-5074-3102-5

Ⅰ. ①人… Ⅱ. ①白… Ⅲ. ①焦虑－心理调节－通俗
读物 Ⅳ. ①B842.6-49

中国版本图书馆 CIP 数据核字（2017）第 108564 号

责任编辑：陈夕涛
责任校对：王宇枢 焦 乐

人生百天
——一个焦虑者的自我救赎

白永生 著

*

中国城市出版社出版、发行（北京海淀三里河路 9 号）

各地新华书店、建筑书店经销

逸品书装设计制版

北京建筑工业印刷厂印刷

*

开本：880×1230 毫米 1/32 印张：7¾ 字数：171 千字
2017 年 10 月第一版 2020 年 10 月第五次印刷
定价：25.00 元
ISBN 978-7-5074-3102-5
（904037）

先说结果

开始这本书的写作之时，也正是我挣扎在焦虑症的痛苦之时。文字是一种可以砌筑的砖石，病痛则是推动这项工程的巨大力量，等我重新修改序言，才发现这不一般的人生体验，其实收获颇丰，不仅让我开始珍视从前不在意的幸福，也确为自己的坚强而加油喝彩，不是和别人比较，只是和以前的自己相比，进步了许多。

诞生契机

书写这本书的契机只是因为这场病，几年间连续撰写了三本书，辛苦劳累与焦急等待，交杂在一起，将自己的体能和感受调动到了极限。文字是有毒的，不能驾驭，就会让自己崩溃，我也如此。焦虑的发生只源自几本小书的出版或销量，被渴望成功的欲望所逼迫，精神亢奋之后的失控，身体有了濒死的感觉，才知道了恐惧。诊断为焦虑症，治疗其实也并没有什么极为有效的办法，器质性的疾病大夫可以帮我解除，心理阴影却挥之不去，意识层次的失控很难平复，从而终日惶惶不安，于是有了写这本书的初衷。对于自己病情的不确定性和痛苦感，有种冲动去记录整个过程，去了解那个真实的自己，也是去探寻治疗的办法，给予别人些许经验。不好说自己后来是否治愈，有过的伤疤，总还是会有印记，结果已然不重要，而那些感受和改变是我真正的收获。每一个在都市奔忙的人，焦虑、抑郁、强迫都是普遍的心理状态，很多症状其实在过去的几年就有所反应，只是自己并没在意，故有些内容和感受可以共享。此书既是写给自己，也写给别人以做提醒。

开始改变

不想评述自己的人生是失败还是成功，因为那是过去的标准，现在对我而言活着就是成功。因为在一年之前，我还是意气风发，觉得世事虽无常，但不适用于我，自认为看问题前瞻、透彻、理性、务实，结果呢？一场病将自我认知打回原形，需要重新了解自己。对错的基础发生了变化，之前的认知，本性很难改变，尤其对一个年届四十的男人而言，性格根深蒂固，所有的缺点都已经成为生活的一部分，所有的恐惧也都有明确的借口，所有的看法之前都已经得到了论证，不过确实信心满满地交了一份白卷。重新开始的不是过去，而是现在；不否定过去，因为不会重来，没有那些过去，同样没有今天的我。所有的经历只是让我明白，痛不到深处，不知道认错，无法让我觉醒；痛不到深处，没有勇气去悔改，无法让我蜕变；所以，这同样是一本关于人生感悟的私藏集，并不代表正确，只是代表我曾遇到的一个个陷阱，自己摔进去爬上来，写出来，别人也许不会重蹈覆辙，也许会有感触；同时收藏了生活中偶遇的点点感动，收集起来，攒成一种力量，通过文字表述，把那种感动留驻于纸张之间，感染和传导；这也是我想与每个观者沟通的话语，我是孤独的，不善言语，或也难以表达清楚，此书就是一种交流，因为我的平凡，让我们同处一个频率，渴望让自己的脉动与每一个读者感同身受。其实我们是需要搀扶的，你的倾听，其实也是对我的帮助，或许未必能够根治病痛，但求文字可让心里的浑浊沉淀，以恢复生命本来的清澈，这些都是本书的初衷。

　　题材浅显，这本书与我的《消失的民居记忆》并非完全相同的书，但有着异曲同工的写作目的。如果说《消失的民居记忆》是一本中西医结合的药物，那里附着建筑的外表，内在探讨着人生的意义，那么这本《人生百天》就是一本纯中药，为四十不惑的北漂男人量身定制，对于都市生活的相同遭遇，分解都市压力的不同理解，涵盖从繁忙到抑郁，从强迫到焦虑的几样情绪感知，几个不同阶段的体味心得。随着这些文字和图片流淌，慢慢寻找人性的内在根基，去了解我们从来不在意的平凡世界，学会和自己做朋友，学会去选择生活，学会如何去妥协生活，也学会如何去改变生活，由点到线及面，把生活丰富。本书中的所有图文，并非珍藏，只是抛砖引玉，希望这块砖，引出每个人心中不一样的痛苦、快乐、真实、激动、遗憾，最后能够得到坦然和放松。如果我的痛可以医治别人的病，那这本书就是有效的；如果我的书有人可以感伤，那这本书就是一瓶酒；如果能有释怀，那就是一个肩膀。

内容朴实，这是一本与《消失的民居记忆》描述方式相同的书，它也采用图配文的写作方式，将我日常细微、卑微、轻微的所见所闻用手机进行记录，添加我所想所念，有骨有肉，可触可摸，没有单反的惊艳，没有美图秀秀的完美，没有专业摄影师的技术，只有一颗简单而朴实的心。珍视周边的瞬间，有被错过的美丽、有感人肺腑的情景、有擦肩而过的普通人、有每个人经历过但已忘记的过去，并不是去看照片，而是去体味照片后面的那些东西，有的是隐喻，有的是直白，不远、不深、不烦琐，只是我们每天都在经历的事，因为匆匆，才会错过。这种匆匆缘自都市的繁忙和迷失，缘在身上蜗壳的负累和谨慎，但不代表那颗简单的心已经迷失。多数人与我一样，对很多场景依然心存感恩，依然渴望阳光，依然善良温暖，这种简单不做作，也易于接受。

随性编排，《人生百天》百天不长不短，是我与病痛挣扎的一百多个日夜，有开始并没有结束，期间选取了随手拍的照片，收集整理共一百多张，以匹配要介绍的一百多个道理和感悟。章节上按病情深入进行了划分，前两章叙述了初到北京直到生病的一个心理历程，了解焦虑症的前因后果；之后三四章则是整理的情绪控制方法，是对焦虑症的一些自我经验之谈；五章到八章则是深入生活的各样片段，将生活进行分解，人性精彩展现开来，去学会释然；最后的第九章，是总结也是一个记述回忆，一切的结束都把我指引回儿时的感受。一个轮回完成，一本书写成，把北漂 8 年时间内的所行所思道出，涵盖了一个年轻人步入中年后的思想转变，描述了一个思想逐步成熟的过程，直到今天，直到被精神击倒又缓慢恢复，如流水一般，有波澜有平静，每种感受不同，苦辣酸甜就是人生的全部。没有今天的痛苦，将是多么不完美的人生；没有挫折的生活，将会是驶向黑暗的鬼船；没有压力的人生，将是放纵挥霍的魔鬼，迎风而上。虽然我沉浸在精神的痛苦之中，但我依然坚持，结局虽是死亡，但是活着仍有希望，看着家里开朗的儿子，支持的朋友，期望的母亲，活着岂能是阴天就不享受呢？是啊，生命不会等待，即便是痛苦也需要让我们享受今天；于今天而言，我们失去的仅是昨天而已。

行走现实，一本书自我欣赏终究不是个办法，一个不知名的作者，面对的总是各方面的妥协与坚持，也许我是倦了，为了曾经失去的时光，为了不想苟同于世事，为了仅剩的一点人生的火光，即便太多人的不理解，我依然要上路。喝完了这一杯，还有三杯，人生也许就是如此，走完这一步再说接下去的三步吧。文字里，我是自己世界的主角，希望可以成为拯救灵魂的那个超级英雄；现实生活中一味地卑微，一味地退让，不能掩藏另一个环境中的无畏的自己，坚定、自信的自己。不光是我，也是每一个人的真实写照，所以善良属于每一个读者，坚强亦然。

感谢

最后需要感谢支持我的家人、朋友、编辑、大夫。家人是我前进的动力，朋友是我大雨倾盆中与我共持一伞的同行者。刘江副总编辑是我一生难得的知音；王蕾、王京京大夫给予了我足够的倾听和治愈，贵人很多，心存感激。人生短促，希望一部有意义的书籍可以持续留存于后世，思想不死，生命永恒。

目录

第一章　漂泊的日子

一　从向日葵出发　　　　　◎ 001

二　城上之树　　　　　　　◎ 003

三　生活的另类　　　　　　◎ 005

四　随波逐流　　　　　　　◎ 006

五　追梦　　　　　　　　　◎ 008

六　依靠　　　　　　　　　◎ 010

七　关于行走　　　　　　　◎ 011

八　重新选择　　　　　　　◎ 013

九　开始变得渴望平静　　　◎ 015

十　看不透的假象　　　　　◎ 017

十一　再见繁忙　　　　　　◎ 018

十二　有一种生活叫作坚强　◎ 021

十三　灰色站台　　　　　　◎ 022

第二章　故事依然残酷

一　斜长的影子　　　　　⊙ 024

二　误读的真实　　　　　⊙ 026

三　一种腐蚀　　　　　　⊙ 028

四　让人头疼的密码　　　⊙ 030

五　灵魂疲惫　　　　　　⊙ 031

六　雾霾来了　　　　　　⊙ 033

七　腐蚀的外壳　　　　　⊙ 034

八　控制　　　　　　　　⊙ 036

九　反差　　　　　　　　⊙ 037

十　冬至　　　　　　　　⊙ 038

十一　开始割破　　　　　⊙ 040

十二　横亘的压力　　　　⊙ 041

十三　漫天卷地　　　　　⊙ 043

十四　春天已至　　　　　⊙ 045

十五　平面的世界　　　　⊙ 046

十六　关于人生　　　　　⊙ 047

第三章　痛苦——人生的宝藏

一　当痛苦成了生命的一部分　⊙ 049

二　痛苦的原因之一　　　⊙ 051

三　痛苦的原因之二　　　⊙ 052

四　痛苦的原因之三　　　⊙ 053

五　痛苦中的生存方式之一　⊙ 055

六　痛苦中的生存方式之二　⊙ 056

七　痛苦中的生存方式之三　　　　◉ 057

八　痛苦中的生活方式之四　　　　◉ 059

九　痛苦中的生活方式之五　　　　◉ 061

十　克服伤害的第一种方式　　　　◉ 063

十一　克服伤害的另一种方式　　　◉ 065

十二　面对痛苦的态度　　　　　　◉ 066

十三　化解痛苦之一　　　　　　　◉ 067

十四　化解痛苦之二　　　　　　　◉ 069

十五　化解痛苦之三　　　　　　　◉ 070

十六　因为希望　　　　　　　　　◉ 072

第四章　治愈其实是一种历练

一　工作习惯　　　　　　　　　　◉ 074

二　睡眠　　　　　　　　　　　　◉ 076

三　草鞋的生活　　　　　　　　　◉ 077

四　拥有梦想　　　　　　　　　　◉ 079

五　保持一颗爱心　　　　　　　　◉ 081

六　音乐疗伤　　　　　　　　　　◉ 083

七　拒绝浮躁　　　　　　　　　　◉ 084

八　文行字意　　　　　　　　　　◉ 086

九　慢　　　　　　　　　　　　　◉ 087

十　禁止　　　　　　　　　　　　◉ 089

十一　海的思考　　　　　　　　　◉ 090

十二　清空内心　　　　　　　　　◉ 092

十三　感恩生活　　　　　　　　　◉ 094

十四　朝阳下的再次出发　　　　⊙ 096

第五章　感情：维系精神的力量

一　拥抱的真谛　　　　　　⊙ 098

二　爱的表达　　　　　　　⊙ 100

三　爱的坚持　　　　　　　⊙ 102

四　爱情的发展　　　　　　⊙ 103

五　爱情的味道　　　　　　⊙ 106

六　爱情的空间　　　　　　⊙ 107

七　婚姻的意义　　　　　　⊙ 108

八　婚姻的维系　　　　　　⊙ 110

九　父子亲情　　　　　　　⊙ 111

十　家庭的力量　　　　　　⊙ 112

十一　难熬的矛盾　　　　　⊙ 114

十二　简陋的家庭　　　　　⊙ 116

十三　夜的迷离　　　　　　⊙ 117

十四　友情的距离　　　　　⊙ 119

第六章　生活的本质

一　活着总是孤独的　　　　⊙ 121

二　儿童的烧火棍　　　　　⊙ 122

三　回家过年　　　　　　　⊙ 124

四　青藏公路　　　　　　　⊙ 125

五　澄澈的天空　　　　　　⊙ 127

六　防护网下的过路天桥　　⊙ 129

七 　最后的荒芜 　　　　　　◉ 130

八 　裂缝 　　　　　　　　　◉ 131

九 　落叶 　　　　　　　　　◉ 133

十 　伤痕的意义 　　　　　　◉ 134

十一 　尘埃 　　　　　　　　◉ 136

十二 　优雅地活着 　　　　　◉ 137

十三 　形状并不重要 　　　　◉ 138

十四 　工作的本质 　　　　　◉ 139

十五 　做自己 　　　　　　　◉ 141

十六 　通往家乡的铁路 　　　◉ 142

十七 　云之人生 　　　　　　◉ 144

第七章　关于瞬间

一 　晕倒的感觉 　　　　　　◉ 148

二 　活着 　　　　　　　　　◉ 150

三 　死亡 　　　　　　　　　◉ 151

四 　蜕变 　　　　　　　　　◉ 152

五 　迷雾中的春节 　　　　　◉ 154

六 　灵魂与身体的关系 　　　◉ 156

七 　流水的瞬间 　　　　　　◉ 158

八 　雨水敲打我的心 　　　　◉ 159

九 　螳螂的伪装 　　　　　　◉ 161

十 　偏执 　　　　　　　　　◉ 162

十一 　欣赏光线 　　　　　　◉ 164

十二 　通往未来 　　　　　　◉ 166

十三　光影中的艺术　⊙ 167

十四　食物的瞬间　⊙ 168

十五　一阵冰冷的水浇在我的身上　⊙ 170

十六　要学会淡定　⊙ 171

十七　光晕　⊙ 172

十八　看不透的四维空间　⊙ 173

第八章　自然就是必然

一　天空的云彩　⊙ 175

二　再见我的园子　⊙ 176

三　已成过往　⊙ 178

四　乌云的养成　⊙ 179

五　这个不冷的冬天　⊙ 181

六　起飞　⊙ 182

七　云的百态　⊙ 184

八　风中婆娑的狗尾草　⊙ 185

九　蜗牛的世界　⊙ 187

十　孕育　⊙ 188

十一　倒影　⊙ 190

十二　希望　⊙ 192

十三　绽放　⊙ 193

十四　收获　⊙ 195

十五　夏天水景　⊙ 197

第九章　不可遗忘的美好

一　开始 ◉ 200

二　祝福 ◉ 201

三　冰封的时代 ◉ 202

四　雪地撒欢 ◉ 203

五　疾风劲草 ◉ 205

六　关于记忆 ◉ 207

七　我和儿子 ◉ 208

八　从未消失的爱 ◉ 209

九　尊重自然 ◉ 211

十　欣赏自然界的美和感动 ◉ 212

十一　希望的美好 ◉ 214

十二　景色的美好 ◉ 215

十三　美食 ◉ 218

十四　拥抱自然的美好 ◉ 219

十五　失控的痛苦与被控制的烦恼 ◉ 221

十六　结束 ◉ 222

写在之后（后记） ◉ 225

择。活在当下并不易，当我跨入北京这个都市，打工生活就被称之为北漂——只有飘动着，才是了解大都市文化的唯一办法，多少有点戏谑。闷热的地铁那个时候还只是拥挤，人们手中可以多张报纸，占点空间，后来就多了手机，但一成不变的是人们的表情，总是那么木然。刚开始我只是好奇，后来无论是老板面孔的微笑，还是房屋中介的变脸，或是天气燥热下可怕的多人合居，种种残酷磨灭着心存的最后一点天真。当然后来我也变得如此，要想生活下去，不外乎就是比其他人更为残酷，更为麻木。当可以活下去的时候，就开始尝试融入这个环境，去寻求发展，但终究难以彻底转变，还是心里最柔软的那部分无法硬化。八年过去了，也不再想去尝试内心的柔软和外表的生冷，终于分裂，精神会有觉察，即为疲倦，不论是有病理反应的焦虑或是抑郁，还是简单一点的强迫症或亚健康，精单，又看似那么简单，不简单是因为确实经历磨砺和痛苦才有蜕变，简单则是成功者多具备一颗平静淡然的心，静候生命的安排。太多的要求不仅是对自己的不公平，也对事情的结果于事无补，太过于委曲求全，终究会是一种失衡，所以要绽放生命，需要的是一颗坚韧的心，坚持的信念。此外需要善待自己，适时地选择放弃，即便时运不济或是意气风发，顺其自然都是合理的选择。日子也还是要过，似乎生活从来就是如此潮起潮落，并不缺乏各式经历。

二 城上之树

此片摄于云之南。那年丽江的冬天很冷，南方的突兀会在阴冷中得以加倍，更适合这里用来陈述我的心路。其实过去也不过几年，但却觉得遥远，那种内心的迅速老去，远比生命中增长几岁更为残酷与现实。想象生命中几十年的所见所为，似乎还是壮年，但看看已经发黄的书页，早已不复存在的老房，渐渐淡出记忆的生活方式，就会觉得生命已经流淌很久，只是我们把寒暑变为了习惯，变为了这个时代的特点。遍寻记忆中的边边角角，一面还可以清晰记得儿时挨饿的场景，另外一面却是物质极为丰富的当下。时代的产物让我恍若隔世，来不及欣赏，就已经谢幕。一边是还没有彻底老去的身体，一边是已经老去的精神；一边是前赴后继的年轻人，一边是彷徨于沙滩上的中年人；一边是催人奋进的时代号角，一边是我疲惫、茫然不知所措的眼神。我的父辈还在挣扎着尝试使用手机微信，而我们这样的中间层却要直面更新意识思维形态的淘汰或选

光的心，即将绽放，生命不易，几多波折，可以受伤，可以生病，但一颗存善向阳的内心却是必需的。只是人之初性本善，其实要到一定阶段才可悟到，这个"初"可以解释为初心，或解释为婴儿，但是对于生存的压力而言，先有存活才后有善意，如婴儿阶段的我们源自生存的本能，其实是更为自私一些，多见儿童的争斗和贪婪，就是这个道理。当我们人生过半，才有了些许对命运敬畏之感，看过了太多的尔虞我诈，习惯了应付于世事虚伪，才反而激发了内心向善向真的一面，也是因为我们隐藏太久，终于还是觉得太累，绷得太紧，想获得一些自我，也想让自己能够放下，而不再伪装，了解生命的本来状态。与向日葵绽放的阶段相似，积累了满腔的果实之时，才会选择去绽放自己美丽和成熟的一面，才把乐观的心示于众人。所以任何苦痛和磨砺其实都是积累和沉淀，为的是爆发，为的是释放，为的是释怀。每一个人的成功似乎都不是那么简

第一章 漂泊的日子

这是一本关于生命理念的书，开始于北漂之初，结束于北漂之末，以北漂为线，但最后还是断了，变得杂乱，变成了一本自己的回忆和感受，但仍希望透过凌乱的思绪来表达出我所有的想法。作为作者我是坦诚的，作为一个焦虑症患者我是无奈的，还好生命总是很公平，当你经历很多之后，终有所得。这些感受于我而言十分珍贵，写出来只是不想浪费了这些果实，不代表一定于他人有用，但求对读者了解人性而言能有些帮助，希望对于读者在情绪的控制方面可略有借鉴。

一 从向日葵出发

于内心而言我觉得自己仍然保有认真和热情，这是我的本真，无论世事多么艰辛，人生冷暖，一种积极的生活态度总能感染悲观中的人，如这向日葵般的灿烂，静待生命的花期！阳神的问题总是以病症的名字出现，但其实在焦躁的空气中，飘散的是一种可以传染的气氛，只是很多人选择了伪装，而我最终选择了逃离，不去承认自己是否软弱，也不去回溯当年的选择是否正确。只是每个阶段都会出现新的问题，而每个阶段的选择其实都是固定的答案，所以并没有任何再来一次的必要，任何选择都是正确的，生活其实本该如此。

三 生活的另类

最早的几年，总是晨跑，治愈了久治无效的鼻炎。初到北京的生活尚好，路上总与这样的叶子相伴，有所感触。发白的纹路像是营养不良，但有时又是如此特别，与我初到这个城市的状态一样，另类得像缺少血色，自我欣赏的同时，却是一众的绿色，所以会更容易被别人关注，也更容易受到伤害，只是

自己并未察觉。其实，从自然角度来说什么样子都是正常的，或是光照的不足，或是天性如此，但总隶属于一种纲目的特有气质，所以坚持自我其实并不难，倒是改变自己并不容易，多数的时候只是因为无奈，才让自己显得那么尴尬。生活的另类总是在坚持中妥协，妥协中坚持，看似矛盾，却在不停地寻找着一个平衡点。太过的执着及太容易的放弃，都会让生命走向一个极端，都不可轻易选取。首先需了解自己，之后再选择执着的程度，固执的人要多点放弃，拖延的人可适当执念，当然这个很难，有点本末倒置的感觉，不够成熟，怎能了解自己？确实如此，这里也可以采用一个较为简单的测试方法，兴趣度测试。以爱情为例，去尝试中断联系喜爱的人一段时间，也不用太长，半年左右，再看感觉，如果不能割舍，那就说明确实为真爱或是心存执念，还是值得执着和坚持，而如果随时间淡化，不再有当初的感觉和信念，那说明确实并非生命中的挚爱。但如果坚持后反复遇挫，仍固执则也不对，了解真爱的同时，也需要了解爱的相互，适时地放下，则是宽恕自己，对别人仁慈。如此选择改变，至少给了自己一个机会，也给了自己一种考验。多年后，不会为此而有太深的悔意，也不会身心俱疲，算是比较明智的选择。这其实还是一个度的选择，很难，如不是时光的历练，多数人只能是说说而已。

四　随波逐流

初到北京的那几个冬天，并不冷，也还没有雾霾，只是天空多见阴沉。生命倒不是被环境所感染，只是当你不了解希望

在哪里之时，总会借景抒情，这墨色山水的天空，宁静中透着
干冷，如我那时的心情。一切都现实，冷清中慢慢度过，有如
迎着冷风啃着馒头，在风中慢慢冻透，突然干噎难忍，觉出了
痛苦。实现微薄的工资收入，遗失人生有力的几年，当然这也
是前进中必须取舍的，没有办法，为了前行或学习，必须选
择坚持，也还可以为继。虽然看不到希望，依然还是怀揣梦
想，但这个阶段，工作的现实就是为了活着，没有什么可以选
择的空间和余地。这个都市传说中的人才济济，早已经吓破了
我的胆，虽然尚年轻，但拿出来卖的却只能是时光和力量，心
里会打鼓，卖光了健康和时光的未来，方向会是在哪里？于是
多了些许的纠结和躁动，却又无助，改变总是需要一些勇气。
当你年龄又大一岁，当你又多一点压力，当你的价值又缩小一

点，那么，选择的临界点就慢慢到来了，这可能是弱者的生存方式，却是一个普通人合理的选择。其实该来的总会来，唯一郁闷的是，该来的总是要比预期滞后很多，可能与我的性格多有一致，迟钝且木讷，被动地等待命运的来临，直到拿起这个别人剩下的馒头，才觉出剩下的其实不好。每每如此，这样的平淡消磨，持续了很久，生活多了许多失落，才觉出痛楚的味道。我不是神仙，只是个普通北漂，其实很盲目，只能裹挟在人潮之中，随波逐流。

五　追梦

还好，终于找到一个可以吃到螃蟹和大虾的单位。食堂还是不错的，我也可以向别人吹牛和炫耀，在一个国家级大院上班，有很大的食堂和很好的伙食，有着很正规的制度和不错的福利。老家的朋友亲戚或是羡慕，或是嫉妒，或是暗中怀疑，毕竟名头很大。其实呢，怀疑是正确的，与这单位早餐的馄饨一样，螃蟹和虾确实真实存在，只是别人的羡慕只是停留于文字中的名称表述，实际的生活就是这碗里的小螃蟹和小虾米。混迹于城市的小人物多有着与我相似的生活状态，辛辛苦苦地在这里奋斗、工作，只是为了春节能够穿着体面，回到家乡与亲人朋友吹牛显摆。哎！说起来真的惭愧，不过还好吧，大家其实处境也都差不多，这个都市对我们这些北漂还算是公平，给予我们前行的希望，辛苦的努力之后，总算让我的馄饨里真的有了螃蟹和虾，虽然有些小，如此安慰自己，并不过。都市里的人，没有点阿Q精神，还真是有点难熬。天又黑了，一

天又过去，地铁中麻木的身体渐欲疲惫，昏昏欲睡，却被下车的广播惊醒，不能过了站。当一天和尚撞一天钟的生活，虽然不了解未来会在哪里，但今天的生活总归还是正常，按部就班，并没有脱轨，都市的生活还在继续，在平凡中奔跑，很多人与我同行，在孤独中奔跑，一言不发，咬紧牙根，一路上有人摔倒，有人停下来喘气，有人再没有爬起来，偶尔也会心中暗喜，是不是我的机会来了，有时候确实可以超越几个人，或是实现一点小小的心愿，但真实的我却是举步维艰，越来越难，越来越躁，后面的人也在不停地超越我，仅存的信心慢慢被磨蚀光，仅存的健康被时光所吞没，仅存的年轻渐行渐远。

六　依靠

我终于觉得找到了可以依靠的单位，在大院工作似乎是体制内生活的希望和开始，可惜真实的生活就是这小石头上的海螺，我所依附的依然还是海中的一块小石头，只是我自己不知道而已。大海很大，但却未必一定能够接纳如此微小的我，有些源自命运，有些源自天生属性的弱小，但生活的残酷总是这样。我站在上帝的角度看着海螺，上帝站在我的角度看着我。自己无力改变的，却是别人轻而易举的，一切的平淡无奇只是自己能力太小，甚至有人比我还小，卑微地活着，像这海螺一

样，还好，我们存在既是必然，也总有意义。平凡并不代表平庸，或是安慰自己，或也确实是事实，虽然缺少了我地球依然转动，但我们努力前行，合力推动着这社会的前行。燃烧着自己，奉献着青春，从不平庸，在这个嘈杂的城市中，努力寻找着自己的位置，虽然多数人与这海螺一般，看不到大海，看不到巨石，能看到的就是眼前。选择也总是三思而后行，因为不了解未来，不敢盲目改变，也不敢轻言放弃现有的生活，毕竟大海的无情如同生活一般无二。要选择活下去，并不只是我一人如此，其实大家都在惊恐地抓住一切可能的依附。请叫我小市民，因为微小又在都市，渺小而众多，没有选择余地，所以只能选择当下。选择的结果就是漂泊，难有一个坚实的依靠，随着各式的变化而改变着自己，裁员、降薪、跳槽，我在游荡，在寻觅可靠的依靠，但只能随波逐流，可能这就是生活的本质吧，残酷而简单。还好我们有希望，所以还在前进，并没有轻言放弃。

七　关于行走

释放自己的最好办法就是行走，似乎人类对于高山的征服欲从没有停止过，挑战自我，挑战极限，当工作生活的挑战已经不能满足求胜欲望时，就开始挑战这些高耸的山峰。这并不是珠穆朗玛峰，只是玉龙雪山，看起来已经足够的雄伟，对我来说也已经足够。好奇心和冒险精神推动了人类的前行，每个心存梦想的人，为了梦想都不懈努力，但梦想又总是遥不可及，在半虚幻半现实中动力依然存在，但生命其实仅仅为了刷

出存在感，因为没有了存在感，很多人就觉得被世界遗忘而彻底沦落。人们忙于并沉浸于追寻梦想的快感和紧张中，没有了时间考虑伤病和痛苦，存在感如同一种肾上腺激素，亢奋着整个机体，靠意志支持着虚假健康下的身体，所有的问题却都在隐藏，并不明显。我与多数人一样选择旅游来释放心情，感觉确实很好，陪伴了家人，游历了名川大山。只是重回工作很快又陷入了新的疲惫，周而复始，逐渐加重，每人大约都如此，如果坚持不住，我们是否也会就地卧倒呢？事实是多数人选择了坚持和无视，其实疲惫并不是旅行可以解决的，是需要用心想明白，去解开，这我是后来才慢慢明白的。只是那时好奇于旅游为什么没有让自己放松，效果也确实有限。放松身心仅是一定时效的止痛药，但旅行确也让我开阔了视野，给我一个顿悟的机会，有时间去思考人生，这是一种催化作用，而非解药。问题的实质是精神放松需要一种环境，如果你不能逃离一种让你疲惫的工作方式或社会氛围，那你就会一直疲惫下去，除非你有能力选择改变自己。所以行走的意义，不在于行走的过程，与景色无关，而是一种内心的历练，这种催化作用在合适的阶段会让你放下负累，用观赏的心态去看待琐碎的生活。旅行的精神就在心里，与去哪里并无关联，反而是一种等待，需要学会体味。当你拥有了一颗行走的心之后才可开启这都市的云游之路，只是我懂得太晚。

八　重新选择

假如再给你一次选择，你还会选择都市吗？小时候我生活在一座小山城，住在小平房。由于是塞北，每每到了冬天，那就是寒风凛冽，里面穿着棉衣外面再裹上皮夹克，依然被风迅速吹透，后背与衣服都不能挨着，要不就觉得冰凉，手脚经常性的被冻得失去知觉。天气虽然很冷，但并不觉得难受，有时候父母都没有回到家，我就会和小伙伴龟缩在门口砌房用的草堆中，把茅草盖满身体，总是很温暖。如果是白天，则靠在白铁皮的车库门上，靠着大门晒着太阳，大铁门被阳光烤得暖暖和和。那种温暖从四五岁一直传导到了今天，我总是能够感觉到温暖一直在四溢，让我内心从不寒冷；而三四月大风沙的天气，则能够把弱小的身体直接吹飞，漫天的黄色，奋力前进的身体，让我很小就可以明白逆风飞行的道理。据说每一个塞北的汉子都很直接和坚韧，也许就是和这天气有些关系。家里的

小院充斥着所有快乐童年的记忆，如鲁迅先生笔下的百草园一般，我的眼睛——高度近视——都毁在了用放大镜去烧蚂蚁，那时候却是乐此不疲；院里的海棠树，盛产着那种冬天受冻后才会酸甜的海棠果，在这个世界上，淘宝也不会有售，因为那似乎是一种只属于我家的保存方式；海棠树下偶尔出现的小蘑菇，则是世界上最好的汤料，每次只有一个，弥足珍贵，弥补着匮乏时代的味觉，收藏着我认为最好的美味；不能忽视的还有那个鸡窝，虽然简陋但每每摸到那热乎乎的鸡蛋，颇有成就感，且会流口水。说了这么多，凌乱分散，却都是记忆中的美丽瞬间，但即便如此，我还是义无反顾地选择考学，考出大山离开家乡，不为别的，只为电视中展示的大都市。1984年我第一次来到北京，也是唯一一次北京旅游，再后来的北京之行都只能称为工作，军事博物馆、故宫、自然博物馆，甚至是穿过那宽宽长安街的紧张心情，每一细节都还记得，就是觉得大城市好。转瞬 30 年过后，我还游走于这个都市，有的时候甚至都可以给一些外地游客指路，但自己依然连个游客都算不上，被人们称为北漂。累了的时候，也开始羡慕田园生活。有一种代表富贵生活的建筑叫作别墅，不敢想象，但很向往，离我很远，不可实现。这时候突然觉得自己的奋斗到底为了什么？小时候的小平房不就是别墅，小时候的食物不就叫作纯天然，小时候的快乐不就是简单单纯吗？那我为什么要努力来到这个都市呢？有段时间确实比较困扰我，后来还是释然了，生命也许就是一个圆圈吧，我们追寻的其实就在原点，只是一切都不能选择退回。当然，如果再给你一次重新选择的机会，其实你还是会再次选择现在的样子。这不是命，只是我们太急，总是想往前，不能等到上天给予你的馈赠，感谢小时候享受过的田园生活，可惜了现在的孩子，多有缺憾。

九　开始变得渴望平静

这就是在城市中久居之后的结果。当躁动变得愈加强烈，任何平静的事或是景色，都会让人觉得动容，如这冬天中的猫咪，淡定而肥硕，于雪白之中透着一种干净。这种生活态度很好，很淡定的样子，也无视我的目光，好似知道我生活得并不自在，对我鄙夷，转身而坐。生活是一种状态，当你的状态并不好的时候，这些安详的景物已经反映了内心的一种情绪，其实是一种渴求，但这还只是一种亚健康，距离心理的问题也许还有几年的时间。皮炎、鼻炎、咽炎等慢性病的出现，往往

都没有被重视，但其实这是身体遇到困境的信号，至少表明你的免疫力开始低下，不能战胜病痛，只能选择一种共存的状态；另外也表明你对于外界的变化开始敏感，有了抗拒。病痛如此，社会环境也如此，这都是由器质性病变到精神类病变的前期过程，值得注意。太过感性的人尤其容易感伤，悲喜都容易过度，都会引起情绪的较大波动。振幅越大则精神脱离轨道的可能就越大，所以，如果自我感觉是一个感性的人，那确实需要让自己尽量趋于理性方向的思考，如果做不到就要强迫自己放慢节奏，就年龄而言一般越是年轻越是感性，年龄增长到一定阶段，则会自然倾向理性地思考问题，所以真正困惑男人的年龄是四十不惑之前的一两年，女人则是更年期的那一个阶段。这无论对于男人或是女人均是一个比较关键的时期，安然度过，后面很多事情都可以释怀。作为代价，当然也会失去一些东西，如失去一些天真和冲动，这可能就是人性的平衡吧，所以，应该珍惜人生的每一个阶段，哪怕是种痛苦的成长过程，未来来看都是十分珍贵的，因为真正有价值的部分其实是多年后，那再次的回味。所以，当有一个实现梦想的挑战而来，不要退缩，这次不试，永不再有机会。所有的痛苦都是一种蜕变前的准备，其实人人都有，但又非人人敢于去体验，如果真的不期而遇了，你该如何选择？

十　看不透的假象

路总会在目光的尽头戛然而止，生命也是一样，这同样也是人生的尽头。我们能看到的总是假象，我们短视且自信，总是认为我们所看到的就是真相，其实生命最大的魅力就是：真相从不只有一个，每个阶段的所见所闻所感确实不同，但又都

正确，因为对不同的阶段而言，我们思维的深度并不相同，看到的结果也大为不同，所以，不要轻言看透人生，如果真的可以看透，那就不用这些成长的代价去体味人生百味了。同样的事情，不同的感受既是人生的假象又是人生的真相，只是角度不同，所以，关于未来，每个人都是公平和绝对的，那就是一样的未知，视线的尽头总是一条新的道路，哪怕是一片汪洋，也会给你一叶扁舟的选择；或是悬崖，也会给你一个结绳而下的勇气，如此的人生，我们除去享受，其实并不能做太多。有的人有如我的一面，纠结而挣扎，也有人如我的另外一面，主动享受生活，即便是痛苦，也总能给自己找点乐子，精神的多样性给予我不同时间段的不同感受，时而清醒时而糊涂。生命一天一天流逝，喜怒哀乐交织着出现，从不停歇，也看不出规律，更难辨真假。只是日子还要过，目光瞟过周边来来往往的人，从崭新到衰败总是用不了多久，不同状态下的不同感受，随我的视角发生着变化。事物原来可以如此欣赏，譬如残酷，冷峻而真实；譬如虚伪，炙热而闪躲；譬如欲望，无尽而恐慌，但不同的是，你可以选择放轻松，在别人的世界中，你只是观者。

十一　再见繁忙

一段职业行程感觉就要离开，这种感觉源自那种无法建立的归属感，我不是外星人，但却是个没有被雕刻的原始人，野蛮了太久，难以融入这个文明人的世界，如这广告页背面印上的光影格栅，我认为的美，别人都会十分漠然，而别人的生

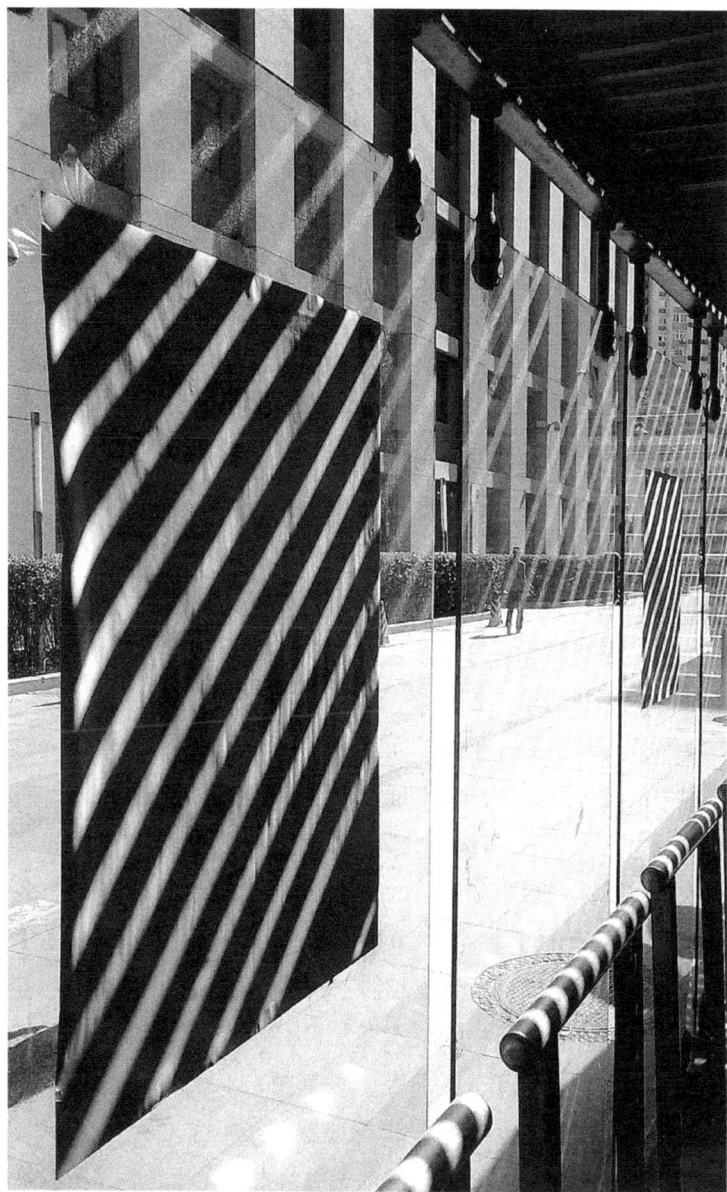

活，我又嫌弃杂质太多，总显得格格不入。在这个大设计院，将走完三年的工作历程，不得不说这是一个充满了精彩和美丽的地方，一个充满创意的园地，眼中美丽无处不在，用我一生中最纯净的心态欣赏了这最美好的职业时段，未来我会为之怀念，只是当下的一切现实又是那么残酷，再美丽的光线投落下来的依然是影子，影子就是虚构的那部分，这部分我曾经称之为梦想。为了一个大设计院的理想，曾经不懈努力，考过了国家的注册师，把自己的头削尖，去认识业内的大佬，让自己能够以大学专科的身份进入这个大院，以为这就会有名份。当然，一切的努力确实没有白费，我终于来了这里，那种激动在持续的两三年间，一点点地消亡。当一种被称为年龄的东西在达到某个临界点的时候，终于消失殆尽，有种东西叫作孺子不可教也，适合我，没有办法，我也很无奈。毕竟抱着三十多岁的年龄，再变成一张白纸，其实很难，我已经努力去改变，但仍然不够。我的笨拙模仿终是无效，最后的结果自然是失败，有些东西叫作抱歉，于领导而言，于同事而言。我曾经渴望的三里屯酒吧，五年了，并不远，却咫尺天涯，从没有跨入，因为北京的酒吧从来不欢迎穷人，而我渐渐也选择了自己的站队，了解了这个城市与自己的距离，了解了真实的日子该怎么过。篮球场上的小伙伴由 80 后，变为了 90 后，努力混迹年轻人之间，换来的同情越变越假。我觉得现实的问题确实要考虑，还要更好地活下去，要不家人的压力也大，是时候进行选择了，离开这里，离开的将是一种梦想，不能算是没有实现，但也不能说是实现了，总是带着遗憾。其实这又是一种必然，好在这也是生活的一部分，留点念想，人生交叉之后，虽然各

奔东西，但是留存下来的影集，也深藏心底，证明着这里我曾
经来过。

十二　有一种生活叫作坚强

　　有一种人生叫作卑微，如这拍摄于避暑山庄的一株野草，
但并不是每一个卑微的生命都会有一个狭小的位置，就如同
我，虽然痴迷于这个都市中寻觅位置，但却机会渺茫。这个城
市太大，归宿却遥不可期，远的不是距离而是心境。流浪总是
很短暂，但又不够浪漫，阅人无数的感觉并不好，多数一起走
过的同事我甚至已经难以叫出名字。我曾经给这个城市的工作
状态多种定义，以为会有一个标准，但却慢慢发现，每个单位
氛围都不同，差别还很大。有的是你在其中的时候热情无比，

你走之后烟消云散，也有你在其中的时候就冷淡无比，当然你离开以后还是烟消云散。于深层次而言，我对于那些热情的环境还是怀念的，虽然之后渐行渐远。在这个城市分别，就相当于失散，我这个小城市来的乡下人，总还抱着一辈子友情的态度去吃着快餐，错并不在别人身上，是我自己的问题，为什么还是如此感性，还是如此认真呢？这是一个难以留存一切友情的城市。当看着房屋中介早上大声呼喊着口号，我能看到的是最后一点人性本能正在消失，一种训练过的机器在诞生，一种训练过的生活方式在普及，而我必然是被屠戮的对象，因心理上还是拒绝改变，可想而知，如此卑微的生命，没有位置，却不得不选择坚强的生活。伤感往往出现在坚强的后面，当年龄一定，则会崩溃，我想那个年龄已渐行渐近。艰辛的工作，低微的工资，老婆不停地埋怨，北漂的生活，夜晚中的黑色天花板……我想念孩子。

十三　灰色站台

换了新的工作，一种新的生活，虽然还是在北京，但却是一个小公司，并不忙，那个时候并不了解，这可能是北京的最后一站。人的成熟总是这样，物质条件差的时候渴望物质条件好，有人进了城；等物质条件好了，又渴望精神条件好，有人又出了城。围城，其实不只适用婚姻，也是人们茫然中的自我怀疑。常常回望过去，就会觉得人生很多时候并不是悲喜剧而更像是荒诞剧，因为多数时候，或悲或喜，慢慢都变得淡忘，不留痕迹，而生活却在和我们开着玩笑，走一个圆圈，回到起

点。当年离开小城那个家来到大城市，就是为了追寻更多的机
会，更好地实现自己，也为了躲避婚姻七年之痒，后来才发现
一个恋家的人如此渴望与家人在一起。当年的梦想只是因为吃
饱了才会有的无病呻吟，现在又希望生活可以变得简单，不再
迷恋曾经的梦想，好在这个时候高铁的出现帮我解决了这个问
题，可以每天往返北京与小城之间，所以我是知足的。空旷的
站台，与我同行的乘客并不算多，可以清楚地看到一种清冷。
选择了双城生活，这状态是否合理呢？回头看看虽然不知好
坏，但给了我一个机会去欣赏行色匆匆的路人，也给予我一段
算不上精彩的人生故事。离别既是终点也是起点，一手握着现
在，一手握着未来。

第二章 | 故事依然残酷

加油自己，不一样的人生体验，不是每个人都会遇到，但既然已经遭遇，就安然享受过程，这也是一种成长。生命如木柴般快速燃尽，而海水日复一日地往复，这是两种截然不同的生活方式，我却都经历过。一半是海水一半是火焰，如何淡然接受一切，是我后半生要来学习的功课，不了解的未来，却是建立在不了解自己的基础之上，但依然感恩生活和命运安排，让我可以换一种角度来看待过去。

一 斜长的影子

下班的傍晚，前面是未来的方向，心里仅存那点幻想的指引，属于未知。骑着这个城市中我唯一的伙伴——这辆破自行车，八十元的家当。当年来北京孑然一身，后来往返双城之间，也失去了绝大多数的锅碗瓢盆，但在北京不算孤单，总还

有个它。有时候下雨也会
为它担忧，怕它生锈；天
晴的时候，为它上油，换
了太多的零件，只是为了
让它能够舒服一点，但它
却是比我老得还快，有
点蹬不动。回想那时刚
拥有，虽然也是二手，但
却是那么轻便有力，感觉
衰老不只是人，我们一路
随行下来的各种物件，无
论有多喜欢或是珍惜，随
着寿命终点的到来，慢慢
还是离我们而去。生命的
老化是恐怖和令人敬畏
的，当然也许是种错觉，
可能是因为我的膝盖老化
厉害，不过还好，我们还
在相互搀扶着前进，直到
有一次它被城管拉上了汽
车，最后一刻被我找到，
解救下来，也算确实有缘
分，感情更深。它是这个
城市中唯一值得牵挂的物
件，唯一能够陪我经历风

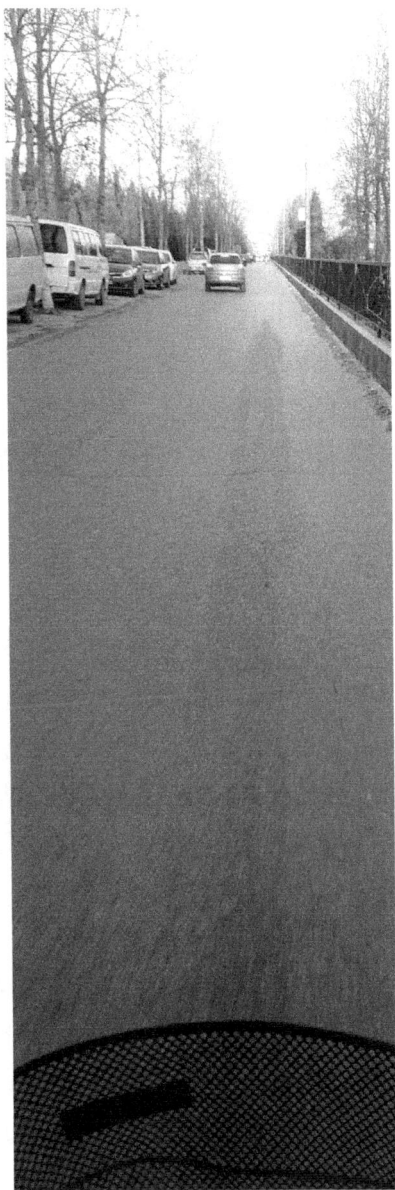

雨的交通工具。走遍了北京的大街小巷，曾经痴迷于北京的胡
同，有它；曾经背负一段凌乱的感情，有它；每天的上班下班
的路上，有它：早上的影子斜斜地照在我的前方，太阳则在我
身后慢慢升起，每天下班太阳依然在我身后慢慢落下，影子仍
在领跑黑暗。破车承载着我去追寻自己的影子，工作也如此，
难以迎着阳光前行，是我北京生活的缩影。但这并不可悲，因
为有影子相伴，追寻自己的影子，如同追寻自己的灵魂。灵魂
总是先到达我要去的地方，不代表好坏，也不代表生死，只是
代表自己从没有停止，仍然呼吸，当灵魂没有了目标，那么生
命也即将结束，还好我们一直坚持！

二　误读的真实

　　来到了南城，很偏远，地上的荒草，直到三年后才清除，
这照片还是曾经的样子，背后掩映着即将完工的公司办公楼，
但是最终的结果是我并没有如愿登上这座建筑，一切希望的开
始，最后都以一点一点地消磨而结束，有点戏谑。所有的成功
好像都是不经意间取得的，而你发现成功如此而来，就会安心
守株待兔，这时候成功便不再来。希望太多自然不好，这需要
自己用那颗可以放下的心去化解，也是时光磨砺的结果。在这
楼下的平房一待就是四年，伴随着荒草、高压铁塔和蓝天白
云，一切倒也是恰然自在。这是北京的南城。我的北漂历程始
于北京西城，依次走过了北城、东城、南城，对一个城市的认
识而言，也算是比较全面。曾见过了东城的时尚和职业，北城
的忙碌和紧张，西城的文化和底蕴，到了南城则是多了一些安

逸与自然。蓝天映衬下的白云是那么唯美虚幻，如这幕墙上的映像，让我难辨方向。园子里长时间的荒草杂生，其实也是内心的一种荒芜，现实生活也是如此，结束了一种忙碌的生活，开始无所事事，这样的日子是否就可以休养生息呢？至少当时的我是这样认为的，并不繁重的设计任务，让我觉得一下很轻松，这是职业生活开始后最为轻松的一年。随后的几年一年比一年轻松，可以说是基本无事，唯一的项目也渐渐完成，新的项目也几乎没有，出现了一种极为罕见的工作状态，无所事事但拿着工资，这种曾经梦寐以求的状态，也是常说的温水煮青蛙，强度太大的工作曾经让我有过亚健康的状态，这里没有工作强度，终于可以休整，但太过于轻松的工作状态又会是怎样的结果呢？终于被煮熟。

三　一种腐蚀

有一种腐蚀叫作时间，钢铁尚且如此，被雨水腐蚀殆尽，只剩下这些铁渣，让人感触颇深。人的状态就更难逃离这样的结果，一种不健康的工作状态对人的腐蚀与此类似，不运动的大脑和不运动的身体都会因为缺少磨砺而存在失落感。先是身体，之后则是精神。彻底自由的精神其实是一种比较可怕的发展状态，如果不能有效控制情绪，潜意识就会把平时细小的问题放大，因为有了时间去思考，潜意识会引导思路走向问题的反面，并非向好，这也是普通人的正常反应，存有共性。这样情绪会慢慢变化，且是一种恶性循环，空闲的时间长了，你就会发现自己与外界脱节，加深迷惘的产生。这个时代每个人都

在奔跑，职场也好，学习也好，一段时间的停滞，就是一个难以追赶的距离，拉大的不只是差距，更多的则是信心损耗。这种脱节不仅是技术上的脱节，也是思维方式上的慢慢落伍。与腐蚀的钢铁相类似，人缺失了职业，则是老化的开始，也可以俗称为进入退休状态。但我的精神似乎还没有准备好，感觉到了压力，但又缺乏改变的动力，一边是魔鬼的诱惑，一边是自己剩余的警觉，也知道如温水煮青蛙，但要知道这种状态难以改变，明知道未来将是毁灭，但还是欣然接受当下。其实拒绝安逸是每个人都难以做到的选择，我们都是凡人，不要认为自己的选择是错误的，其实属于必然。

四　让人头疼的密码

拍摄于鼓浪屿的岸边，一段不了解的石刻文字，没有注解，没有明确的意思，如同密码，困扰着一个苛求真相的我。榫卯的孔洞，似曾有过木质横杆的插入，剔凿石刻的印记，很规整。如果一定要猜测，1858 可能是年份，那该是百年前的记述。对于普通人而言，100 年的时间就是一个不存在的结果，100 年后关于我们的故事或是经历，也少有人再去记得或提起。虽然今天有了照片、影像，但能够了解我们故事的依然

寥寥无几，注定我们的平凡和普通。关于自己的过去，其实只属于自己，与他人并无关联。无论是快乐或是悲哀，略有部分属于家人，但很小，也不会超过三代人。即便如此，这些过去，太过美好，让我们依然不舍得放弃。还记得那个女孩子吗？刻骨铭心之后的淡淡暖意。还记得那次奋斗吗？越挫越勇之后的青年才俊。还记得那次挫折的感觉吗？那是年轻奔向中年的历练折磨。还记得中年后的烂醉如泥？那是认同生活的无奈妥协。说这些并不想说我看透了人生，其实是想说明自己的一种不健康的心理状态，太过于执着，总是对已过去的记忆会心存不舍，如这些镌刻在石头上的文字一般，镌刻在心里的各处，不能释怀，直至难有位置再去容纳。一种执念，堵塞在心里，不能化解，无论痛苦抑或喜悦，新的感受仍在涌入，但内心已无力承担更多。临界点即将出现，要不选择释放记忆，要不面临着库存爆棚；生活的断点即将出现，很有必要，之后或许是新生。

五 灵魂疲惫

没有最新只有更新，不知不觉中手机已改变着我们当下的生活，一边是使用便捷，一边是手机病，难于取舍，但又容易选择，虽然很累，确实离不开，电脑累右肩，开车累腰椎，但是手机累颈椎，其实都不是什么善类。儿时从不会想象自己长大后的世界是个什么样子，后来的科技进步如加速度一般，提速再提速，我的思维被拉长，最后崩断，不敢去想象，那时觉得汽车都是神物，没有想到我们会跨过书信、电报、呼机、

电脑，直至手机。我们都很忙，一会 QQ，一会微博，一会微信，没有人再去抢电视遥控器，面对面的沟通也渐稀少，一切都变得虚拟。那里却可以有一个真实的自己，而不需要掩饰，这也许就是沟通的真谛；那里可以有一种快消费的生活，这也许就是节奏快的要求；那里有一种快时尚的文化，让我们都可以轻松成为焦点，当然也会快来快去，迅速更迭。遗失的东西则是太多，之前说的健康首当其冲，低头族的出现，让我们颈椎难以承受，人类的进化是上万年的结果，手机的出现太快，我们的进化自然跟不上，健康堪忧；再者就是社会问题，由于可以展示自我，也就可以有了胡来的空间，各样谣言、谎言混迹于网络的每一个角落，满足着人类猎奇的心态，同时又潜移默化影响着每个人的精神层面，自然很难说是正能量；再就是荒芜了面对面的沟通交流，一种新的生活方式出现：购物不

用去商场，省了讨价还价；吃饭不用去饭店，省了菜里蚊虫的
争夺；恋爱也不用去电影院，网络就可以完成。一切不合适都
可以退货，多么合理。只是我们多了习以为常的谎言，语言功
能却在倒退，真诚地沟通变成了我们这些老家伙追忆的稀罕场
景，不停出现的新鲜体验，让老年人的标准越来越年轻。我也
很快会被卷入淘汰的漩涡，一边是疲惫与努力；另一边是淘汰
与挣扎，这就是网络的世界。

六　雾霾来了

这个话题的时间并不长，也就是近几年间才有的。温室效
应的影响，回馈着排放者，发生似乎是一夜间的事情，其实却
是一个长时间的酝酿和积累。我们来不及反应，或早就掩耳盗
铃等待着发生，只是一时慌了手脚。口罩、净化器开始热销，

生活中有了无法躲闪的尴尬，让我无语。小时候我生活在内蒙古，那是一个沙尘暴肆虐的年代和地带，儿时除了吹得睁不开眼的黄沙，就只剩下不停植树造林的记忆，而绝不会想到未来会怀念漫天黄沙。说起来惭愧，那时多数讨厌的东西长大后都成了失落的遗憾。儿时封锁我的山峦，重重乡土味的口音，那稍显野蛮的民风，长大后无一不是我深深怀念的情感软肋，如这雾霾中怀念着沙尘暴。儿时虽然艰难，我却可以站着死去，不像如今戴着口罩的莫名悲催。回头想想任何刻意的改变，从长远看都不一定明智，自然界不会因为我们的改变而去真的变化，所有的改变自然，收到的只不过是自然界的警告。我们太过渺小，于宇宙万物之间我们不过尘埃，于时光之中也就是一瞬，珍惜自然给予我们的和谐平衡，其实本就是最好的存在方式。只是我们的索取太多，高楼大厦遮挡的不仅是风的前进，更为子孙后代带来了太多无解的建筑垃圾。每每想到我们对自然界做出的破坏，垃圾的围城及土壤的污染，工厂的排污及水体的恶化，汽车的拥挤及空气的雾霾，黑心商贩的有毒食品和信任的缺失，我汗颜而身在其中。作为参与者，也是被惩罚者，雾霾的存在显得罪有应得，我们的改变或是前进，并没有真正的好坏，只是把现在的自己交给了未来的自己评判而已。

七　腐蚀的外壳

　　一个单位附近的配电箱体，每天散步路过都没有注意到。一个偶然的雨天多有感触，心情略有波动，有了些许联想，也

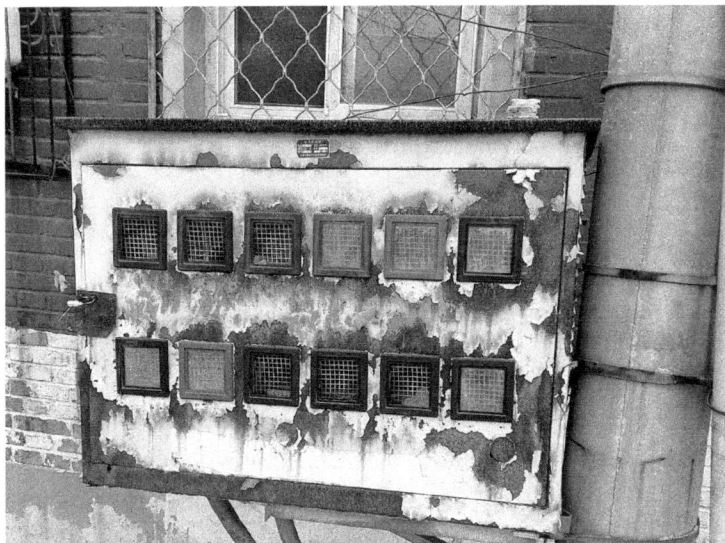

是它的颜色被雨水清洗之后，斑驳太过于刺眼。虽然是防雨的箱体，总也经不住时间的雕琢，难以抵抗常年的雨水清刷，钢铁的外壳变得锈迹斑斑，可能这就是人们所说的人生经历。经历太多之后，依然坚持使用，可以看得出坚强，但内心锈蚀已然不遥远，有点感伤，与我所处的状态其实是相似的。工作18年了，不算长，也不短，但是内心的焦躁与虚弱却是与日俱增。虽然常年的艰辛与坚持已经过去，但留下的身心累累伤痕，却不可逆转，并不是休息或是休养可以挽回。这时突然明白，我们能够珍惜的其实越来越少，仅限现在还拥有的那一点健康或是情感，也许我们已然拥有很多物质条件，但是真正要陪我们走完一生的却只有我们的身体，这是需要珍惜的低值易耗品，不可逆转。所有觉得平淡无常的一个动作或是感觉，失去后才知道他们并非理所应当，而是上天的馈赠。只是可惜每次后悔都成遗憾，等我们知道了亡羊补牢的真谛之时，却是我们学习这个寓言的几十年之后。明白，是多难理解的一个词；维系，则是后半生使用最多的一个词。

八　控制

被钢丝绳固定的吊车吊头，如同生活的本质，牵与挂，一边是生活的沉重，一边是社会传统的羁绊。我们一直都在维系这种平衡，既没有勇气冲出羁绊，也甘心让生活的小烦琐锁住自己，不出轨，直到老。本书不是写给那些勇者或是特立独行的牛人，对象还是凡人。当然维系平衡只是蜕变前的一个过程，这并不是最为精彩的人生，毕竟太过于简单和稳定，而失

控来自于精神的突破，选择的是一种有准备的改变，如人为去摘下吊钩，是思维成熟到一定的阶段的自然蜕变。改变之后是一个新的平衡和新的平台；还有一种改变则是钢丝绳的断裂，是一种精神压力的瞬间崩溃，是一种没有准备的压力释放，这样的改变我们可以想象到结果，吊头会四处摆动，短时无法控制，也很危险。恢复平衡需要外力协助，或需要时间，恢复到原始的自重状态。只是没有了钢丝绳的约束，它会变得容易晃动，并不稳定，创伤后的遗留状态，这就是工作压力和繁忙生活的作用。它既可以让你觉得无味而疲惫，也会让你有所牵制，如果没有了这层压力和束缚，你的精神则变得容易波动，容易起伏，这都是生命中的必然现象。如何选择也因人而异，那就是尽量选择有准备的变化，尽量不要让钢丝绳断裂；做到的方法也简单，那就是学会控制情绪，不要生气，不要着急，顺其自然就好。

九　反差

破旧的供电局维修车，总停在这条路的边上，蓝天白云的映衬下，倒也平和自然。我不想说自己是个可以驾驭生活的老司机，陈旧的心态可能是我与这车的唯一共同点，不合时宜的存在于这个社会，心理棱角与外界规则的摩擦冲突不断，但却没有能力改变自己，也维持着自己的性格，偏偏社会又让人趋于同质化。人的个性，多数是天生的，后天即便再多的禁锢和磨砺，也未必可以磨损那已经是方孔的心，所以累，无力改变的自己，如我那时的状态，焦躁而不安，无奈也软弱。其实所

有的改变都需要一个过程，而所有的蜕变从不会视而不见，耐心等待呼啸而来的冲击，他们总会不期而遇，如夏天即将倾盆暴雨的乌云转瞬即至，容不得你的一点准备，而改变总会在那些巨大的冲击之后。当你的信心已经消磨殆尽，感觉任何抵抗都会有结果，坚持已成多余之时，生命的成长过程才会悄然完成。这是后话。这时的安静和怡然，只是等云，每一个小小的扰动，都如同蝴蝶效应，会引起巨大的波澜，精神即将开始蜕变。

十　冬至

冬之将至，北京最冷一天的记录，这是有气象记录以来近六十年最冷的一天。其实，冷更来自于内心的感受。我依然坚持着在寒风中打会儿篮球，西北风中，仅我一人，虽是个老家伙，却依然坚持着菜鸟本色，看着夕阳渐渐落去，也没有玩伴加入，悻悻地离开了球场。年龄大了，没有了挑战自己身体极限的成就感，即俗称的自虐。从小就对自己的身体不大公平，总是寒风里路灯下看书，冻坏了膝盖；总是熬夜加班，内心焦急肝火旺盛，觉得自己精力无限；给自己定义了太多的要求和梦想，觉得生命只有努力，才是存在的意义，结果是早生华发，心力交瘁。看看这冰，晶莹剔透，是水对温度的一种沉淀，却如生活于我的点点积累。厚度代表另一种刻度，分界线不可触摸，但真实存在。回头看看自己的人生，如此透彻，却又如此冰冷，也如冰一般，虽然透彻，但已然凝固。我想我终

于可以病倒，这并不是一种疾病，只是生命的一种另类积累，一边是不断抽取热量，一边是渐渐冷却的内心。布满着细小纹路的冰块，已然是伤痕累累，虽然坚强，但却脆弱，如我荒芜的身体，无根的精神。在这个冬季，焦虑中，冻结的身体开始了崩溃。

十一　开始割破

冷冻如冰刀一般的冰溜子，割破我精神的最后抵抗，一生中千万不要有太在意的事，如果有，那未来一定为其所牵绊。原本写几本小书作为打发无聊的闲来之作，但当我历经了写作的辛苦，就会在乎它的出版，在意自己的付出，那闲作就变成

了大作，终究也是为名利所困。我也难免这个俗套，陷入命运安排的圈套。一次偶然的气管炎并不算意外，毕竟有雾霾，空气不好，还打篮球跑步，也算自作自受。只是顶着气管炎还不吃药，去和出版社面谈，面红耳赤的不是争辩，而是异常的兴奋和升高的体温，等待的焦急，成功的渴望，自己被欲望完全控制。让自己不能主宰的事情主宰了自己的心情，那精神就要垮掉，等待摧毁我精神层次的最后一道防线，其实已是一根稻草。轻轻抽掉，看着缓慢瓦解的精神，残酷且美丽。先是实体病症的出现，轻微的气管炎，并未控制，顺势发展，然后则是止不住的咳嗽，以为是长期以来自己不注意的咽炎作怪。但是整个春节过得并不轻松，下肢不自在，长时间的躯体紧张，说话总是气短，终于在某一天的晚上第一次有了濒死感。这种濒死如字面的意思一样，就是感觉自己要死，但却又不是真要死，说不出来的难受，呼吸困难，心脏感觉悸动慌乱，手脚发麻，烦躁难以抑制。家人着急地把我送进医院急诊，检查心电图和血压却完全正常，当时还不懂什么是焦虑症，只以为是呼吸道出了问题，于是开始了漫长的求医过程。

十二　横亘的压力

横在我头顶的巨大混凝土道路，多少存有压力，压迫着我的灵魂。熬着时间去数日子还是第一次，一天又一天，一个星期又一个星期。各种情况频繁出现，好像要让我体验生命终结之前的所有痛苦，吞咽开始困难，呼吸倒是好些，最重要的是心理出现了问题，没有了幸福感。在看过了太多大夫之后终于

诊断为了焦虑症，不过也在预料之中，毕竟经过这么久的折磨，也该有个专业的医学名称。这是一种以濒死状态为典型特点的初级精神病痛，却是发病时极为痛苦的一种精神疾病。我从未想过这事会发生在自己身上，因为一直自认身体不错，心智也还算健康，不过现在只能是坦然接受了。几个月的病痛折磨自然是无法忍受，带来的是信心被摧毁，生活没有了乐趣。我常主动看看美女，以确定是不是还有欲望，真的很怕内心世界彻底黑暗。以前一直不能理解抑郁患者为什么会跳楼，现在终于可以理解了。没有任何生活乐趣的生命，就像是生命之火已经熄灭，没有任何希望可言。当日子需要去数着过，每天都要面对漫长的失眠，扛过白天，接着还要扛黑夜，那种疲惫会让自己苦不堪言，说出来别人也难于理解。也是这时，病痛不断的自我体验和平复，道理开始一点一点明白和悟出。其实意识、身体、潜意识，并不一致，但却是一个关联的关系，构成我们的灵与肉。我们可以控制意识，但却只能引导潜意识，潜意识是个胆小鬼，总是害怕，总是往坏的方面去想，但它又是强大的，强大到它控制着我们的潜能。如果你可以掌握或激励它，它就会让你变得更为强大，那是一种接近于超人的感觉。如果你的意识已经变得胆怯，则潜意识比意识逃跑得更快，可怕之处是它控制的部分，还可以拥有一切幻觉。我感到前所未有的各式病痛，心脏难受、血压升高、呼吸困难、头晕目眩，等等，不一一叙述，均为潜意识的软弱反应，它会把一点微小的病痛感受无限放大，其实就是精神变得十分敏感。这种病痛的感觉是真实存在的，但是，病痛却并不存在，可怕之处是，经过自己的反复验证，这些虚构最终可以变为真实。

十三　漫天卷地

很快就是漫天飞絮的时节，春天来了，冰冻的季节虽过，盎然的春色却不能抹去冬季伤痕。第二阶段的焦虑症依然在继续，连续四个晚上整宿失眠，吃了四天的安眠药，这是我生活中的第一次。从拒绝药物到滥用药物也不过几个月的时间，到了第五天，困透了想想，还是选择了断药。因为这不是办法，被病痛逼到了一定的阶段，也妥协到了一定的水平，突然有了点想向死而生的勇气，宁愿站着去死，也不想继续苟延残喘。虽然这种意识还很微弱，却已可以对生活呵呵一下。有时候是需要自我嘲讽的。胸闷有痰，依然心悸，但，再坚持一下吧！

想想当年爱情争夺战的时候，最困难的时候对手其实也是如此，我是不是坚持一下，再坚持一下，就会熬过去呢？或是生活的安排本该就是如此。一阵又一阵的症状反应不断出现，头晕、呼吸困难、耳鸣、心脏疼痛、肺部怔怔、肢体反应，还有心烦意乱，最困难的时候电影都没法看，交通工具都恐惧乘坐，和别人说话都是一种自我强迫。好不容易时间去除了一种症状，另外一种更为恐怖的感觉就随之出现，折磨着仅存的信心。看看这四月飞舞的杨絮，漫天遍野。空气干燥，无法让自己平静，已经坚持乐观，坚持让自己就医，坚持让自己振作，似乎不是办法。病痛如无尽的飞絮，到处都是，我虽然努力挣扎，但却是越陷越深，卷入其中不能自拔，直至筋疲力尽。

十四　春天已至

给越冬植物用的围挡还没有拆除，初春的暖阳照着我挣扎的内心，如这围挡上的竹影，格外明显，却没有翠绿之色。如宣纸上的绘画，灰白两色完成一幅自然的中国画，没有墨汁，没有笔墨。这种意境，不只是好看，也是我的痛。清疏的竹影，初寒乍暖的寒风，内心焦虑没有快感的生活，竹瘦而身弱，风碎而摧心，真的生活有如此憔悴吗？感叹生活的本质就是永远不要失去快乐，失去了色彩的生活，即便真是山水画一般的意境，又有何用？没有色彩的心，那就是失血，没有了快乐的生活，那就是黑白，生活的本质，就是永远去学着享受，而不要委屈自己的心。当我回顾人生，虽然并不算年长，却有

过精神压迫的一段漫长历史。是什么让我们血管中的油脂越来越多，是什么让我们的血管越来越脆弱，又是什么让我们精神迷惘而痛楚，其实只是我们自己，庸人自扰一般的焦急，永不知足的欲望，渴望了解底牌的追求，最终毁了自己。不过日子并不能回头，可以说年轻时选择的不后悔，因为没得可选，中年后面对选择不犹豫，因为没法回头。人生之路不过如此吧！其实与快乐并无关联，不要让生活失去色彩，生命还是要有血色。

十五　平面的世界

每天可以游走的世界就是公司四边的围挡，简单却直接。我的世界如围挡一般变得单一而遥远，心理的简单与社会的复杂冲突蔓延着。夏天悄然而至，病痛脱去了一切伪装，如夏天的围挡一样炙热，湛蓝却不敢靠近，一切病痛又回到了起点。只是现在的我不是几个月前的我，一边是伤痕累累，一边是越加坚强。虽不了解未来何去何从，但我依然驾驶着生命这艘船，并未沉没，时刻准备迎接下一轮的猛烈的冲击。原因很简单，仅仅因为一件让我高兴的事情。我的几本小书受到国内一家顶级专业杂志的推荐，在别人的祝贺和鼓励声中，头脑发热，心里躁动，稍有平复的世界瞬间天旋地转，时刻感觉要晕倒过去。耳朵像是血压升高般的听力下降，连续多天。闷热也随之而来，更加焦躁。辅导孩子作业时父子的冲撞，家里的婆媳关系，夫妻的冷战逃避，没有遇不到只有想不到。事情却并不因为病痛而减少，也没法躲开，还需要装作正常。心脏不再

像以前可以承受伤痛，现在的心脏就像是没有了保护，任何一点打击，都会被放大。每一处被放大的伤痛都万分难受，但却不能说出来，只能忍，有撑不住的感觉，似乎完全没有了任何勇气抵抗，浑身无力。心里的垮塌速度要远比自我修复的速度快，但很奇怪，这个时候想到的却不再是死亡，而是顺其自然了。濒死感并没有再来，无力却紧紧抓着生命之舟的桅杆，连头都抬不起来。这是真正的向死而生，远比之前要强烈，发现每每绝望却都还活着，信心多了一点，这是真正的一剂良药，死都不怕，何去何从随它去吧。

十六　关于人生

我们不了解的太多，如这两片叶子，遮挡了我心中太多的

蓝天，只是这些遭遇都是必然，而我们又确实无助，只能猜测，很多时候对于诱惑或是好奇，最好的选择不外乎是进去看看。如果最终可以明白命运缘由，也自然知道了如何抉择，再想办法选择离开就是。既然已选择了进来，那就还是放轻松吧，去享受所有的痛苦与哀愁，这是选择给予你的考验。需要了解的是：人的承受能力远比自己想象的要强大，更多的不适只是源自太过紧张，潜意识产生了加倍的恐惧。释放恐惧则是每个人都会遇到的问题，只是方式各有不同，有的选择了回避，有的选择克服，有的选择了承受，但绝大多数的人都可以安然通过。这是这场病痛的开始，也是一场人生领悟的开始，结果不是重点，更难言终点，方法也只是一时，不代表一世，但如果能客观和理性地看待人世，是未来活下去的最佳手段，并不存有一点迷信和偶然。

既然已经是开始漫长的痛苦，那就不能遗憾没有珍惜之前漫长的幸福，因为再给你还是不会珍惜，既然已经没有办法回避痛苦，那就认真地去对待它，了解它，因为痛苦反倒成了享受的全部。生活是如此冷酷，人性也是如此不值得怜惜。

一 当痛苦成了生命的一部分

当痛苦成了生命的一部分，快乐就离我越来越远了，反而让我有了时间和空间去思考痛苦的前世今生。痛苦的产生，痛苦的发展和如何结束，如同这电线杆上鲜红的字迹一样，估计是某人雪后摔跤的产物，痛苦而鲜明的展示，也是一种人生体验，把这种情绪表达得淋漓尽致。每一个人的经历不同，有人先摔倒，有人看了警告，躲过一劫，只是后来换个地方再摔倒，对于结果而言却是相同的。习惯于沿着危险走下去，并不

是我们愿意，但很多时候这条路却是必经之路，自己无力改变。如生活在两个世界里，一个是现实，一个是梦中，都在继续，梦中的自己已经挂掉，现实中的自己还存在，心死而身不死，虽然接受不了，却是痛苦的深刻反映，也是无力改变的征兆。所以，关于痛苦的处理方式也就各有不同，有人选择了承受，有人选择释放，有人选择留下标记，也有人选择无所谓，这几种生活的状态针对不同性格的人而言，过程截然不同，不一定会有好坏，但效果确实是有所差别。选择承受的人一般会相对的去看问题，内敛而含蓄，自认不爽，但心里多有顾忌，未来心理多有阴影；选择释放的人，虽心情会受影响，但总有很好的排遣办法和方式，愤懑还是能够纾解开，可以快速释放；选择留下标记的人，多心思缜密，了解痛苦会不期而至，总还是会慌张，心里做标记不失为一个不错的办法，可以让自己有所准备；而选择无所谓的人则是生活的强者，一般而言，不是他们不怕疼，而是他们有更强的承受力，可以让他们更轻松地放下包袱，转移疼痛，不让它持续放大。其实，痛苦如同伤疤，恢复需时日，无所谓是最好的手段，不用过多关注，就是对它的最好恢复。

二　痛苦的原因之一

疲惫。城市人的通病，快速的生活节奏，烦琐的人际关系，工作压力的不堪重负，导致了种种并不见得是器质性病的病，如亚健康。坐在扶梯上的保洁大姐，仰望的眼神却是

倦怠的神态，这是一种大家都很清楚的健康情况，但能够认真
面对的人并不多，或是觉得自身也没有能力改变现状，只能以
消耗身体健康去坚持。我也是如此，多年的辛劳工作，持续加
班，为的是精益求精，追求完美，看似简单的专业，却总学不
到头，一边是有心杀敌，一边是无力回天，直到今天回头看看
来时路，已经又被野草遮盖，前方却还是茫茫，终于倦了。看
到了中学时的笔记本，上面写着当年的誓言，"为中华崛起而
学习"，当然是模仿，不过确实是我当时的真实想法，如今都
很刺眼，不是惭愧，是今天决然不敢再有这么伟大的梦想。现
在的我世俗且虚弱，在生命的流逝中，慢慢沉入水底，想要呼
喊，却没有力量，这种感觉就是疲惫，没有力气的同时，也没
有了勇气。我是一个比较典型的例子，面对压力多数人与我一
样，选择了短视，忽略身心疲惫继续前行，这种坚持并非是个
绝对的气质病变，却是一切心理问题在身体上的预兆，持续发
展下去，最后则出现心理问题。

三 痛苦的原因之二

比较。拥挤的地铁中，一个矮个男子与一个高个女子贴着
站立，颠倒了一些日常中的常识，女子很高，男子很矮，其实
生活与男女的高度无关，但生命质量的比较却是很多人面对的
问题。每个方面都可以比较，才有了羡慕嫉妒恨的存在，大的
反差容易引起我们的注意，本能意识上，个人对自己都有高估
的倾向。可从一个实验看出，个人所了解的自身发音与通过录
音再次听到的声音会差别很大，无一例外地认为录音不够真

实，也觉得更为难听，认为并非自己发出的声音，但是事实呢？录音确实为真实的声音，与别人听到的你的日常发音一致，自己听到的则是通过意识的美化和修饰，把声音做成了自我认知的完美。自己的认识总是高估，可以适用于任何一人，也不仅是针对声音，容貌、地位、别人看法等也是如此。对整个生命历程而言，不与他人比较是整个生命过程中趋于成熟的重要体现，自身定位不准，比较就会失衡，导致比较失去了该有的意义，也无助于看清问题真相，所以应该放下比较他人，更多地去比较过去的自己，这个才有实质性的意义，也是进步的主要途径。

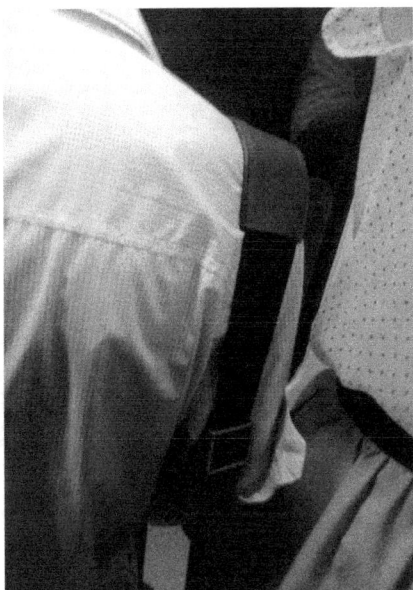

四　痛苦的原因之三

外界的影响。雾霾下的冬季清晨，人们开始习惯了戴口罩，我不是神仙，亦跟随潮流。专家和大夫都说这样的天气不适合晨练，更不适合跑步，如果运动则要戴着口罩。即使是这样，几年之后，我还是得了咽炎，之后是气管炎，再后来是焦

虑症，所有的矛头都指向了这看得到甚至闻得到的雾霾。在焦虑之后，执着于实体病的努力治疗，我才觉得心理问题其实更大，主要还是太在意，雾霾是一种微小颗粒，累积和叠加，伤害必然存在，但又没法衡量长期积存的后果，可信服的结论尚未出现，多是实验或是猜测。我仍然会担忧，只是时间一久，已然有点麻木和习惯，觉得之前对它的感觉太过明显，也许咽炎的祸根是口罩，或是我长期地下通道唱歌的结果，当然不能瞎说，也只是猜测。只是我不愿再戴口罩，雾霾太大我就尽量减少户外活动。窗户不能总不开吧，里外的差别又能有多大？生命的长短或与雾霾有点关联，但占到的比例决然很小，更多时候我们确实是被外界环境给吓倒，为我们的痛苦找到另一种原因。当不能够改变现状的时候，如果不能够做到接受和享受，那必然就是痛苦的第三种模式。

五　痛苦中的生存方式之一

随遇而安。痛苦是一种被动的生存状态，只要还没有放弃活着的想法，那坚持活下去就是一门充满哲学的科学，需要不停去模仿，不断加强，成为习惯。活着最为重要的方法是随遇而安，这一直是我的生活信仰，这里也可以拿来分享。如这照片中的民工安然入睡，并非不想选一个舒适环境，只是不具备，但也会尽量降低这些不必备条件，能午休才是这个事情的重点，而非别人的眼光，如何降低外围对自己的心理干扰，民工做得很好，基本会无视比较，虽说比较也是一种痛苦，但如果内心已经木然，觉得差距太大之后，就没有了比较的意愿，比较也就自我消失。其实人与人确实也没有办法比较，因为从

幸福的角度来说，幸福感并不是一个可用金钱来衡量的概念单位，这也是命运对弱者的平衡设计。幸福感与物质既有关联，但并不是正向关联，而类似于抛物线似的关系，也就是我们常说的幸福指数，可以这么说，珍惜一件事情或重视一件事情，那件事情带给你的幸福感就越浓重，所以适当的拥有，将是抛物线的顶端，其实也是普通人的生活。拥有太多的物质，没有了新鲜感，难以珍惜或不再重视，物质带给你的幸福感就会削弱，所以活着就不要太纠结，幸不幸福不是给别人看的，是自我的感受，完全可以去自我陶醉。当自己困倦的时候，疲惫的时候，可以肆意放松自己，不仅是身体，也是内心。要知道一个健康的你，才是有用的你；一个内心没有压力的你，才会是拥有健康的你；拥有幸福感的你，才对得起自己。这是面对痛苦时我们该选择的正确生存方式，别无他途。

六　痛苦中的生存方式之二

承受。如照片中的孩子，拉着大大小小的行李，与身材并不匹配，多有怜惜。其实身体所能承受的压力自己都难以想象，可以开发出来的潜力也同样巨大。每个人成长的过程都是责任和负担的不停累积，直到人近中年，才开始学会逐步放下，前面的人生只知道给自己加码，不断挑战自己，尝试自己的极限，但方法并非恰当。身体所能承受的压力也非人人相同，无节制的消耗不一定反应在器质性的疾病，更多的时候会出现在精神上，精神系统的老化我们从没在意过，没有精神头就是亚健康的一种体现，同时也是精神已经无力承受的一种迹象。一般而言，多数人遇到这种心理压力，会发现并且引起注意，注意自己的生活节奏，适当给自己解压，加强运动，增加阅读等方式，让压力合理的释放，即为不惑之年的解惑之举，不再执念，而少数太过固执的人则会勉强自己，不断给自己施压，最终导致各类的精神疾病。

那为什么要说我们可承受的压力其实也很大呢？是因为精神是可以通过外在办法得以磨砺，如照片中的孩子，未来其精神就会相对坚强，即我们常说的穷人家的孩子早当家之理。合理的苦难将是性格长成的催化剂，但如果我们已经长大，已然不够坚强，那就尽量让精神有所弹性，不至崩溃，承压讲究弹性，就是有张有弛，不要让精神总处于一种紧张的状态，该放松的时候一定要彻底放松，让其恢复彻底，反复锻炼，精神的弹性就会体现，你的精神承受能力就会大大增强。

七　痛苦中的生存方式之三

坚韧。坚韧是一种对于痛苦的习惯，当你变得习惯，也就不再那么难受，生命的痛楚感就不会那么逼真而恐惧。于生活而言，其实对每个人并不公平，原因没有办法一一详述，但是关于活着，却是一个坚强的话题。如这牵牛花平淡无奇，不能掩饰一季属于自己的绽放和清香，虽是伴随着艰苦和平凡，对比玫瑰生命可能有些时候确实比较悲哀，无论是自己的感觉还是别人的看法，自己眼中的不满足，别人眼中的鄙夷，但是我们每个人还是如此努力地活着，其实能够摧毁内心的健康因素，很多时候并不是苦难和艰辛，而是我们太多的欲望。曾经也年轻，我从一份安逸的甲方工作去做很艰苦的现场施工，那时候我还只有 20 岁，心里很是恍惚，觉得没有信心，没有希望，总是觉得在城市长大的我是否可以去接手这份辛苦工作，毕竟小的时候并没有吃过苦啊！那时候单位的一位师傅告

诉我，他曾经在天津大港油田，石油工人也是极为辛劳，但是他的切身经验告诉我，世界上没有吃不了的苦，但是却有享不了的福。我很为之激励，也去践行，后来这两个说法都得到了验证。工地的苦，没有让我内心软弱，每天只有几个小时的睡眠，全年无休，看不到油水的白菜肥肉伙食，夏季在闷热不堪的工棚内煎熬，冬天却可透着开裂的屋顶与星星对话。曾从钢梁上坠落，下意识地抱住梁让我免于受伤；也曾误入石灰坑，变成穿越古今的铠甲战士。并不想说工地的生活有多辛苦，只是一切回头看，才觉得那确实是激情燃烧的岁月，那是一段让人内心变得坚强的日子，每个年轻男人其实都须经历苦难，它是一种历练，也是一种难得的收获，可以让人坚韧。

八　痛苦中的生活方式之四

知足常乐，属于乐观的一种生活模式。常看到如照片中的残障人士，生活确实对于他们更不公平，但往往这些人的内心反而无比坚强，令人惊奇；他们也多才多艺，似乎上帝给他们关上了一扇窗户，总还是让他们在其他方面更加强大。其实不然，只是因为他们失去了很珍贵的东西，才会对仍然拥有的部分无比珍惜。心态就是这样知足了反而释然，认为可以这样的去奋斗，已经是不幸中的万幸，这是我们所谓的知足常乐。反倒是我们这些健全人，总是希望能够得到更多，也有更多的欲望，以为拥有更多就会快乐，走入迷途，被欲望所捆绑，活得并不轻松，一边抱紧所有财富不愿放手，一边还要探出手去索取更多。欲壑难填，不仅是一个贬义词，其实是一种人本性的

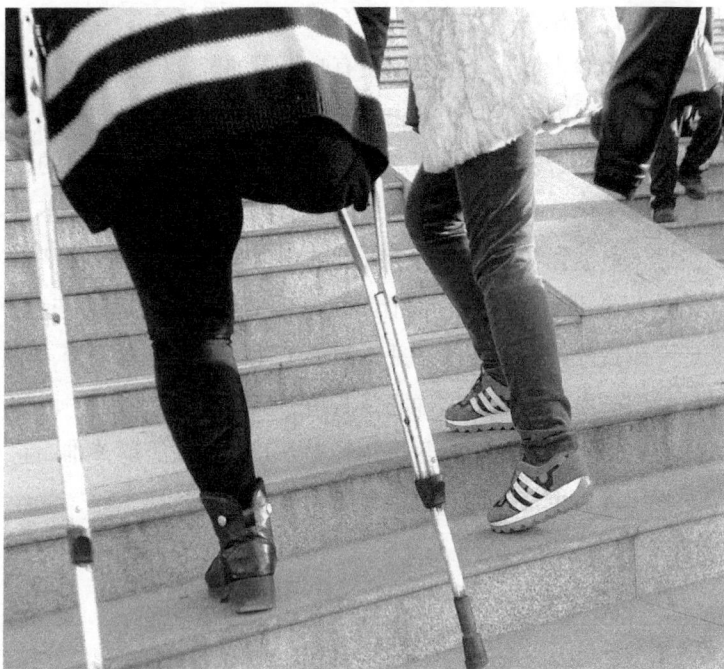

描述，其实现在拥有的即为最好，每一个人的成长过程，无不是从追寻直到放下，只是多数人都懂得太晚，或是一生都难于理解。每个人心的容量并不一样，你需要首先了解自己的承受能力，不光是能承受多少痛苦，也包括能够承受多少成功，很多人恰恰是倒在了成功上面，其实你可以完成你想要完成的梦想，但是你却不了解自己心里所能够承受多少，没有充分心理准备的成功，往往会将人击倒，如同那个天上坠落的馅饼，砸在了头上，这种击倒如幸福的烦恼，并没有办法马上去排遣。幸福变成了一种罪过，对少数人而言更是极为恐怖的，它也可以成为一种心理疾病，变为一种障碍，所以对事业而言一个合

理的节奏，一种知足常乐的状态，才是身体和心灵一致节奏的
体现。

九　痛苦中的生活方式之五

不封闭，不放弃。社交恐惧会加深自我的封闭，犹如试
金石，验证伤口的深度；而保持交流，才能保持情绪通道的通
畅，这本身就是一种矛盾。因为多数人对此深感无力，于是选
择了逃避，让自己更加封闭。我在失去后才又重新审视，才发
现自己能够拥有的并不多，从友情到亲情。自我认识的刻薄
且挑剔，定义了好坏，一直主导了自己成长的过程，依然适
用于现有的生活关系，但问题是如今并不可放弃这些友情，因
为痛苦的解除，没有他们的帮助还是很难走出的。没有了朋
友，虽然清净但也会孤独，这是不可避免的双刃剑，这一点上
我并不乐观，性格所致，朋友并不多，但至少还有，尤其在生
病之后，原来本就疲于面对人与人之间的相处，焦虑之后说话
都费力，沟通都困难。多数心理状态不佳的人，第一反应就是
对各种生活失去兴趣，或是兴趣正在消散，也就不愿意多与人
来往，或会有社交的恐惧，这些问题都导致了情绪被封闭在自
我的小圈子内，加剧了恶性的循环。直到看到这位轮椅上的老
者，第一次觉出了生命的挣扎，不想如此被社会所抛弃。我只
是需要让自己再勇敢一点，再坦诚一点就好。生病以来，那些
一直支持我的朋友，给我勇气，看似不多，但已经是巨大的鼓
励，没有他们的支持生命或早已消逝。他们对于我的支持，也
就是一种对于自己生活态度的肯定，经历这些刻薄和挑剔之

后，我想我学会了如何珍惜这些朋友，也可以去原谅别人，可以不用多说，相信相互搀扶，才是痛苦该有的化解方式。

十　克服伤害的第一种方式

隐忍。如这大树体内的铁丝，伤及内心，对于逆境，很多时候是我们必须面对攸关生死的难题，甚至是我们无法战胜的困境，但生命是否就会夭折呢？这棵大树给予了我们最好的答案，就是隐忍，即便是树，我也可以想象它成长中遇到的持续痛苦，挣扎与妥协中，一步步成长，面对勒在脖子上的铁丝也并没放弃生存的念头，它可以做到的就是将痛苦及灾病变为生活的一部分。这个很重要，因为我们的生活本来并不完美，随着生命的增长，这种不完美也会越加明显，我们如这铁丝一般，并没有能力去选择，但是生命也是公平的，给予了随年龄增长豁达的看世态度，也让我们变得逐渐强大，让我们能够在不完美中，接受这一切，不去怨天尤人，而是珍惜现在还尚且拥有的一切，健康、亲情、爱情、热情，人生中有太多我们无法改变的困难，并非我们一定要有战胜它的决心，因为那样可能最终会让自己失望乃至绝望，最后某一天内心的力量可能将它崩断，结果不定，但只能在合适的时候，在变得坚强的时候，在有想法改变的时候，不能小看那种那种柔弱的力量，也不要小看内心那一点一滴的潜移默化，这就是接受生活顺其自然的力量，化解坚硬最好的办法其实是柔软，而最为强大的动力总是顺其自然之后产生的力量。

十一　克服伤害的另一种方式

　　包容。如这石头中的斑斑点点，将本不属于自身的部分融为一体，面对困难它比隐忍更为彻底，选择了接纳，隐忍面对困难是忍辱负重，在精神内部其实是拒绝的，只是迫于力量不够，在磨砺坚韧后得以加强，在合适的机会才将困难进行突破。而包容这种方式，则对困难并不抗拒，吸收对手的特质，不但让自己变得更加顽强和坚硬，也让痛苦彻底消失在心里，化解痛苦的办法就是接受这种常态，这是一种适用于普通人战胜困难的办法，其实也是一种普通人的生活态度，即是之前说的随遇而安。处境如无法改变，则去改变自己，换一种模式尝试下，结果未必有想象的那么糟糕。其实只是之前有点偏执而已，如果可以慢慢接纳，这将会是内心的一种提升，会让面

临的任何问题迎刃而解。树对铁丝的报复是伤痕累累，代价很大，且痛苦，顽石中的碎屑选择了兼容，成了一个整体，隐忍及兼容是人生不同阶段所必须学会的平衡之道，并不能说出孰优孰劣，年少时候的隐忍是为了有一天可以崭露头角，那是一种力量从聚集到爆发，而中年之后的包容和看淡，则是生命经历太多之后，对于生命本质的一种回归，回归清澈需要的只是沉淀。

十二　面对痛苦的态度

于生于死，在世间我们确实微不足道，我们既没有了解浩瀚宇宙的宏观，也还没有看透原子分子更深的微观，所以我们是无知且盲目的。我们所谓的方向和目的只不过是为探寻生命的意义和价值，越是不能放下面子，越是代表了自身的虚弱和无知。当你真的了解随遇而安的生活态度之后，才会明白我们所需生存空间其实很小，有如照片中姑娘所蜷缩的位置，虽小但却可苟活。而我们离开这个世界，甚至可以不占用一点空间，也难占据别人的回忆，百年之后又有谁会记得你？世界很大，可以容纳自身的地方未必很大，看似平静的生活，其实总有你看不到的喧嚣，当我们执迷于追求梦想之时，自己所需的多大空间其实一直是个未知数，等我们失去健康、快乐、亲人等，才会了解自己存在的空间并不大，再大的心，也难盛欲望，再小的位置，也可以让你心安理得，仅是态度不同而已。存在感对于每一个人看似都很重要，但其实说来意义又不大，重要是因为它可以推动你的前行和坚持，而意义不大则是过犹

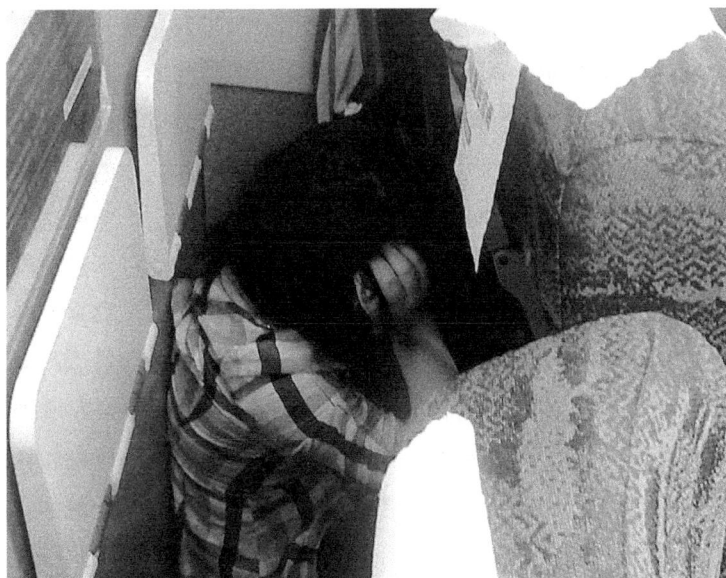

不及。当你过度地在意得失，那就真的失去了自我，失去了快乐，失去了健康。正所谓张弛有度，得失自然，可以看清所谓的面子、存在感、欲望，就会退回到生命最初的本真，也即为单纯天真的态度，则压力就不会再存有，并非没有梦想，让自己渺小，只是可以让梦想更加轻松的前行。

十三　化解痛苦之一

信仰。信仰是化解痛苦的一个简单办法，但不适用所有人。关于信仰，这个话题太大，客观地说，作为唯物主义者，是不相信神鬼迷信的，但却不能否定信仰在精神生活中所起到的巨大作用，这也是唯物主义与唯心主义最大的不同之处。在面对病痛困难的时候，精神信仰的作用淋漓尽致，药物的治疗可以治愈身体的疾病，却很少能够直接治愈精神的伤害，但信仰却是另外一种疗伤概念。当你有一个信仰，可以让你释怀不快，可以让你变得坚强，让你变得有所寄托，而这样的心理暗示会随着不断地模仿而变成习惯，更加真切和坚定。当然这也可以理解为科学，心理学上对潜意识的控制就是通过不断地模仿训练，将其成功变为一种习惯，当你训练的次数足够多，潜意识就会接受这种正面的引导，同样正面的信仰也会对你产生积极的影响，首先在痛苦面前你不再不堪一击，如果有所挫败或是失落，可以选择祈祷和祈福，这本身就是一种放松和释放，也是一种不断给予自身能量的举动；其次会让你觉得你并不孤单，并非一个人在战斗，一方面因有信仰而有心理寄托，

另一方面也有很多相同信仰的人给予你支持和帮助。信仰在漫长的人生困苦之中，作用是长期和有效的，是支撑艰苦条件下人们存活的真实体现，所以，如果不能够做到放下压力的生活态度，那么有一个你所能够坚持的信仰，也是克服心理困难的一个办法。

十四　化解痛苦之二

多点感动。如果说为什么还没有沦丧整个知觉，那只能说明我还常被感动，这些感动屡屡将我从崩溃的边缘拉回来，让我觉得自己活得其实还不算糟糕，未失希望，也心存感激，鼓励我去拯救即将崩溃的内心，去回报曾经给予我的这个世界。感动只是人性的基本表现，虽然普通，但却珍贵，如眼前的这一幕，这是我常去的一家理发小店，杂乱简单，与都市气氛不符，但却真实。一次偶然的夫妻言语冲突，让这位辛苦的大姐委屈伤心，可以理解，人世间的生活艰辛，其实大家一般都还可以忍受，只是遇到伤心之事还不被理

解，伤心就难免表露出来。这是一个只有一位理发师的理发店，抚养着三个孩子，每到过节过日，都是站着一天，连个吃饭的时间都没有，其实作为顾客也是容易看到她生活的不易。每个人所处的位置不同，可能会有差别，但遇到的艰辛却都存在，也容易理解。两个孩子看到哭泣的母亲，都来安慰，大一点的女儿拿着纸巾要给母亲擦泪，小一点的儿子的则用童言相劝。有些感动是我们大人才看得懂的，但是对于孩子来说这却是他们应该做的，所谓寒门出孝子，艰难的生活总是伴随着别样的收获，如这些可爱的孩子。感动是我们面对痛苦时需保留的那份单纯，如果还能被一些生活的细节打动和感染，说明我们依然拥有一颗感性的心，内心依然存有动力。善良和感动是推动我们持续前进的力量，每当内心感到黯淡无光，请不要慌张，希望的火苗虽然微弱，但却不会熄灭，多去观察生活中的细节，激励内心向善向好的情绪，坚持不懈，一样可以渡过难关，将你从不良的情绪中摆脱出来。

十五　化解痛苦之三

释放痛苦，多点童心，也就是就是不忘初心。很多人有很多种解释，不仅是我们遗失了自己最初的梦想，也渐渐失去了我们儿时的勇气，从中医的角度来看，孩子是阳气最为旺盛的年龄段，所以表现得既很躁动又很天真，可以笑得单纯，也可以大哭，忧伤却可以瞬间消失，恢复笑容，正所谓天真烂漫。每人成长的历程却是逐步失去一颗童心的过程，更加残酷的是我们似乎一直在寻找快速成熟的办法，如各种的补习班、辅导班，成年之后仍不停止，似乎别人的样子一直是我们模仿的对象，这个倒也不错。寻求人生真谛是每个人都在做的事情，只是当你苦哈哈熬到四十不惑的时候，才发现你所寻找的人生答案，其实就是不再想不开，不再想被迷惑所困，只是想明白了，如同孩子般开心快乐其实使我们真正追求的方向，一切的心理问题都是源自我们把事情变得复杂，心理需求却是极为简单的，并非高深数学问题也非人际关系，最多也就是一加一减，得到多少，也要放下多少。将复杂用在自己内心，是一种对自己的折磨与惩罚，周围给予我们太多桎梏，所以每做一件事情总是犹豫徘徊，权衡之后还是不舍得付出，但想想孩子，

他们简单，想要就去要，想哭就哭出来，想笑就笑出来，他们确实快乐。每个人的童年即便再苦，也都充满了回味与珍惜，如孩子般的快乐是内心的处事之道，也是存放痛苦的容纳之所，痛苦的释放就是哭，哭出来就好，如孩子般简单才可以让心中祛除繁芜，只是成人已经不敢去哭。

十六　因为希望

还是关于孩子，活着就有痛苦，或多或少，痛苦既可能是一种心理感觉，也可能是一种真实的躯体反应。照片中的姑娘，摄于这个都市的清晨，露宿街头的一家人，不了解实际的情况，只是早饭，但可以看得出来，小孩子的虔诚和认真，虽然怜爱，但并不觉得她们痛苦，因为我儿时也如此，并不觉

得有多难受，现在仍为美好的回忆。孩子身上总可以看到希望，偷拍是因为他们的幸福感不该被我毁掉，长大后的我们总是自寻烦恼，懂了痛苦之后就被痛苦所掌控。越是长大，越是恐惧，顾忌越多，但毕竟成长是没法改变的，恐惧也是必然。孩时的坚强是一种看不到的力量，长大的软弱则是另一种看不到的力量，虽然看似不一样但其实都坚强，只是儿时是不在意的，长大后变成了刻意，坚强永远是痛苦的朋友，伴随左右，而希望则是痛苦中坚持的理由，因为心存希望才有了可以坚持的可能，继续前行。

第四章 治愈其实是一种历练

精神的游离，其实是一种境界。如果你可以控制一个度，可以让自己不那么慌张，可以让身体和精神成为朋友，那么骇浪般的心理磨难中，你会变得更加强大，而不是变为精神病人。可以触摸灵魂的人并不多，学会掌控它则更难，细思是极为恐怖的，但穿透它的假象则可以身心合一，潜能无限。坚定、信念、乐观、放下都是历练的结果。

一　工作习惯

这里提及几种我们常遇到的情况，涉及的不仅是人文，也有科学，是自我摸索。现在社会似乎仅存了两种类型的职业，一种是运动型的，另一种久坐型的，我属于久坐型。久坐型的职业离不开电脑和椅子，问题也出在这里，身体的状况如这照片中的混凝土送管道，勾连着，但看着战战兢兢，不了解什么时候要出现状况，所以需要控制在电脑面前的时间。电脑本身

是有辐射的，一台电脑的影响其实并不大，大开间办公场所可不只是一台电脑，多台电脑的电磁辐射则未必很小，对人体的影响少有提及，但一定不好。另外，久坐的伤害太大，对坐骨神经及肩部肌肉的伤害也是很明显的，所以每隔一个半小时或是两个小时，是需要出去到户外走动一下的，这个是合理的作息习惯。而心态上，则要无视工作问题和上司的责骂，问题总会出现，或大或小，但都会由时间解决，即便你没有能力去解决，也会有人替你去解决。永远不要把自己看作上帝，有些困难你确实无能为力，所以不要被问题所累，影响了的情绪和睡眠。时刻告诫自己即便这个问题解决了，还会有新的问题的出现。现有的状态就挺好，不用给已经不易的自己再添负担，学着给自己解压，而对上司或领导的责骂，就更不需要在意。一般而言，领导需要责备你，这是他的工作，是看得起你或是在

意你，而你需要听着就是，如你对自己的孩子一般，打是亲骂
是爱，别人家的孩子你会责骂吗？所以你要往好的方向去想。
如果实在骂得狠，那没有什么，大都市里我们本来就是漂泊，
换个老板，也不是什么坏事，更没有什么大不了。

二　睡眠

治愈一切疾病的第一要素是睡眠。夜的迷离，影子如梦
般，缺失了棱角，却不能湮没在夜的黑中，时常恐惧于黑夜，
本该属于梦的地方，却是思维活跃的开始，直到清晨的疲惫。
可见遗失睡眠已经好多年，而精神问题的出现确实不是一朝一
夕的结果。回想小的时候拼命地学习，总是熬夜，早早就神经
衰弱，但睡眠还可以。工作后又是疲于加班画图，忙得乐此不

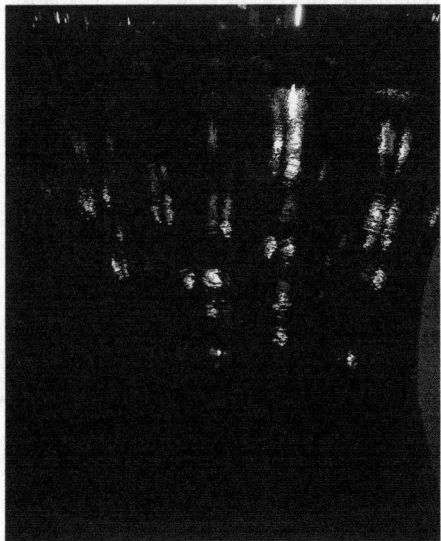

疲，亚健康持续，但还有精力去挥霍夜晚，觉得这样才可以刷出存在感。后来奔命于北京，内心漂泊于不稳定的社会海洋，痛直至成伤，终于有了些力不从心，但是睡眠时间确实并不见多，反而还在减少；再后来家庭的矛盾，对孩子、老人、

妻子的爱与付出，消耗着剩余不多的心灵之火。人进中年，蜡烛终于有了烧尽的那一刻，彻底崩溃，但生命却还在。黑暗中的思考是如何复燃生命之火，先想到的是睡眠。出来混总是要还的，只能开始改变习惯，现在而言，治愈其实就是一种恢复常态，属于其他人的常态，以前自己没有意识到，现在则必须接受。第一我不再年轻，身体不再可以承受那些痛苦；第二我不再勇敢，牵挂的人太多，自己越来越怂；第三我确实不再快乐，没有了幸福感的生活像是随波逐流，不可要求太高，终于明白了什么更为可贵。一切退回起点，从基本开始，那就是最早遗失的睡眠，补充睡眠对于精神的恢复重要性极大。睡眠好的人，普遍精神状态会好，睡眠的质量同时决定了脑细胞的休整状态，睡眠时间太短则无法让大脑获得彻底休息，所以治愈最好先改掉晚睡的习惯，要提早，不要超过 22:30，早上睡醒之后也不要贪睡。这个习惯不在于年龄多大，什么时候开始都不算晚，但要从当下开始；效果也不是立竿见影，但会是持续且漫长，依然是用时间来偿还。

三　草鞋的生活

回归本真，放下人生中的那些并不必要的因素，其实也就是放下众多的欲望。拥有再多，也未必能和幸福感直接挂钩，寻找属于自己的源代码生活——简单生活。草鞋拍摄于日本的一间神寺，日本人工作压力极大，可以参照如今的北京，但是他们却可以很真诚地面对信仰，虽不算太绝对，但却很虔诚，我曾经参加过他们寺院的仪式，除了认真，就是简单和安静。

不要把自己设置于复杂之中，各种场合都适用。工作中只有简单，才是最有效的方法，简洁而明了；生活中只有简单，才是最厉害的武器，无招胜有招，不至于让自己被动；婚姻中的简单，才是沟通无障碍的表现，说明这婚姻的正常和稳定；爱情中的简单，才是可以融化一切冰山的力量，不需要复杂的求婚仪式，简单过日子直到结束，其实就是我们的所有期望。放下执念，回归本真，是让我们恢复勇气的最好办法。把生活变得简单，则灵魂的负担也就不那么沉重，随心所欲，不怕失去。我们赤条条来，赤条条去，有什么不敢去尝试一下呢？只要不伤害别人，其实让自己随意一些并无不妥，释放就是清理思维垃圾的一种方式，让那些负面情绪不再成为负担，就如同我不敢坐过山车并不可怕，可怕的是总是心存的挫败感，其实这才是问题所在。何必纠结，面子也没有那么重，不敢就是不敢，不代表不勇敢，心里的那些障碍，是越走越慢直至没法行动的原因，适时的抛弃，则会让自己的心态保持一种轻松，也有利于情绪的整体控制，回归本真。

四　拥有梦想

梦想称之为梦想，是每人做不醒的一个梦，但却也是推动自身进步的一个动力，维系精神亢奋的源泉。虽说梦想的实现并不是幻想，很多时候我们确可实现，但是，梦想实现也可能出现精神的空档期，长期的努力之后卸下行头，没有压力多有不适，没有了目标的生活就容易出现空虚，这个阶段精神最容易被负面情绪乘虚而入。关于梦想的说法很多，也因人而异，但于我而言，梦想只是希望适度坚持而不去勉强，有这个

觉悟不易，而做到路却更长，希望可以做到微笑面对困难，坚持可以化解痛楚的感觉，适度可以不至于疲劳不堪，该来的都会来，而该去的都会过去，有些梦想并非多么高深，平凡地活着就已是很多人的梦想，而这也就是生活本质。我曾经拥有很多梦想，甚至也实现了一些，直到那个空档期的出现，阵痛无比，但也给予了我重新审视梦想的机会，反思自己如何追寻才更为合理。以我喜爱的篮球为例，从初中开始就痴迷热爱，但由于性格和视力的问题，一直没法成为一个真正会打篮球的人。性格所致打球太过于粘球，命中率又不高，对于团队而言，这是致命的问题；另外，我的视力问题，由于从小不健康的使用眼睛导致高度近视，也制约了传球的视野。面对这个篮球梦想，其实我要求并不高，只是希望成为团队中可以信赖的一员，但这个梦想对我而言还是太难。坚持了几十年，年龄变大，和我们遇到的人和事一样，运动也迟早面临离开。坚持梦想，只是尽量让运动生涯的结束晚点到来，梦想虽不曾实现，坚持却还在继续。如果它是一种兴趣，其实梦想也就不再生硬，结果也不再重要。现在更多的是去热热身，运动一下身体，以一个年长的人该有的方式生存在球场，已然是对篮球热爱的最好诠释。实现不了的梦想不可悲，就怕你不懂欣赏自己的努力，如今成败已然看淡一点，竞技体育或是人生都一样很残酷，需要做的就是坚持和淡定，坚持只是因为有趣，淡定则是对自己的宽容和控制而已，热爱那是一种生命的活力，证明存在。

五　保持一颗爱心

世事无常，人世间太多残忍和冷酷，既伴随着我们的成长，也消逝着我们的善良，但是，无论什么时候，什么年龄，无论遭遇多少挫折，经历多少白眼，仍不可抛弃那份善良。坚持那份爱意，阳光给予万物生长的力量，而爱则是让我们坚定活下去的理由。困难可能很难，阳光却从不吝惜付出，周而复始，让我们觉出温暖，让我不可放弃希望，如这个静怡的场景——摄于北京二环即将消失的棚户区。这是人与自然的关系，其实也是我内心的状态。路边这几只小狗陪伴了我几年，眼看着他们的长大，熟悉，直至最后失散。小狗的午后是淡定且悠闲的，短暂的生命甚至难有时间去考虑悲哀。可以观察周围，对我而言是个好的预兆，这样的氛围平静而惬意，照片中的几种元素，透露着我的性格和感受，阳光不管多么刺眼，那是我心中力量的源泉，给予我生命，指引我前行；安逸的小狗，代表着我内心对自然的渴望，说明我还回味过去，向往田园，依然淳朴善良；发光但冷清的街道，则示意了我内心的冷静，荒芜中呼吸着冷的味道，这是一种只属于冬天的淡定，有光有温暖，但并不浮躁，也看得出我确实对冬天情有独钟；远处骑行而来的行人，渐行渐近，看得出寥落，但是我的内心并不孤单，其实还是渴望着与人沟通，与人交流。对内心的认真审视，没法看透自己，只是去了解自己，感触内心的想法，也是疗伤心理的一个手段。了解自己才能与自己沟通，心灵很脆弱，如这冬天里的温暖，其实更需要呵护。

六　音乐疗伤

　　落寞的地下通道，一个人弹起吉他，唱起不属于自己的歌，吼出属于自己的感情。路人的目光复杂或是视而不见，有些人在怀疑，但这确实是乞讨。我祈求别人的理解，别人给予的则是这些零钱与同情心，有点分不清界限。我想这会还是安心做个歌者吧，乞者只是客串，并不专业，关于收入，我会珍藏，日后逐步转交给那些我认为需要的人。当然面对更多的是默然，这也是更为真实的人生，现实的生活，于我而言，也是难得的人性体验。与我平时面对面熟悉的人不同，陌生人之间不会再保有虚伪的面容，仅极小部分人选择了同情，留下

施舍，绝大部分人选择了视而不见，或是偷偷瞄几眼，并不敢正视我的目光。其实他们并不亏欠我，我也可以理解，假如是我，也是如此冷漠和怀疑，只是这次主角变为自己，结果仍然难以接受，不过还好，我选择了无视，闭着眼睛的自我陶醉是疗伤的一部分，唱歌唱的是一种情绪，并非一定要明白歌词表达的是什么，如果没有感情了，意境已不再。在自我的小世界中自己便是主角，所有的宇宙万物都成了配角。一个人的肆意，可以有成就感，可以让我尽情撕喊，尽力发泄。音乐对我而言是个梦想，几年地下通道的生活则是一种另类的梦想实现，并不在乎别人的看法，这也是一种放下。怒吼于嗓子里的火焰，可以让自己觉得轻松且有成就感，也可以成为路人甲的动力，这就是音乐的作用，于歌者释放，于听者感染，也是我很珍惜的过往记忆。拥有音乐的那些生活，内心不是孤单，一样是心存善意。音乐是一个伴侣，可以陪伴在任何场所，只要你敢，可以陪伴于任何心态，只要你愿，同时音乐是最好的一种疗伤手段，只要你心存感动，总有一种音乐适用于你，不要放弃音乐的洗礼，那种感动不仅是短暂的释怀，也是渗入骨头的一种共鸣，可改变人的性情，可陶冶人的情操。

七　拒绝浮躁

夏天说到就到，空气中充满了浮躁的味道，来来往往的人，乱乱糟糟的事，想起了熙熙皆为利来，嚷嚷皆为利往。世态炎凉既单薄又经不起揣测，适时的来一杯茶吧，无论周围如何，也要让自己安静下来，不盲动不妄动，不太过于激动，也

不能太消沉。我们改变周围的能力太小，所以还是改变自己吧，拿捏自己的情绪，轻轻拿起茶杯，如我心中所想，然后品一口，觉出苦，泛出甘，慢慢放下，世间之事不外乎拿起放下，心里琐碎也便慢慢平复，这就是茶的作用。国人的文化，赋予茶的概念太深太广，也有了价格之分，但茶其实只是一种属于沉淀的文化，这是针对浮躁的一种文化饮料，据说对身体健康也很好，这里不谈，因为不懂。但凡喜欢品茶的人，多数喜欢的是茶背负的文化，那是心境的一种体验，平静而缓慢，让自己多一点时间去品味生活味道，其实是重新接受一种生活方式，虽然包裹，不够自在，也更为中庸的包容了所有的心态形式与化解方法，于内心而言是可以修身养性，可以让自己的行为尽量减慢，思维却是加快。我本人并不喝茶，一直难以融入这种文化，直至自己变得焦虑之后，重新审视生活的时候，发现白水的生活是需要一点调味，不过我还是选择了后文所述的咖啡，这也与性格有关系吧，不勉强于性格的不同，如我这样太过于浪漫的人，茶文化对我而言略有包裹，更喜欢柔滑顺畅的咖啡，比较好地释放感情，但从深度而言，确实茶还是更深，可以一试，只是我还不够。

八　文行字意

这也是治愈的一种力量，这里着重是指中国的书法，只是可惜这并不是拍摄于中国，而是米兰世博会日本馆的一个创意装饰件。光线之后透出的影子才是文字的力量，充分展示了黑的字白的纸的相得益彰，通过光影进行表达，很有新意，让书法有了新的味道。这个创意也是确实耳目一新，只是多有遗憾，我国的书法家虽然依然厉害，但仅限于书法家，日本的书法则更具群众基础，还在积极推广，这是有点遗憾的。周边毛笔字有人在练，但却日渐式微，遗忘文化是我们难于掩饰的一个疤痕，这里仅仅提及一下，不是重点，仅就书法而言确是一种疗伤的手段，并不代表每个人都需要去练习书法修身养性，只是如果有兴趣确实可以尝试，文字中所存在的力量，不可小视。汉字是中国人聪明才智的表现，每个字都是一种寓意，还可以变通化解为另外一重寓意，或是一个故事，同时也是千百年来的感情总结，历史的映像回溯。从象形文字开始，直至今天，书法已经不只代表一种意思，也不仅是一种形象，它可以有骨有肉，有灵有魄，用来表达一种书者的感受和思考，所以

才会有了草书、行书、楷
书，有了颜体、宋体、赵
体，文字的发力和完成，
也是情绪的一种释放，可
以将表达的意境设于每一
个笔画之内，行走发力这
种情绪就可以表达出来，
我们可以称之为风骨，那
是属于自己的一种文字风
格。其实并无意好坏，但
可刻画书者的情绪，同为
情趣的释放，如果有人可
以欣赏，则接受并与这份
情感共振，则为大家，而对于书者释放的则是一种精神力量。

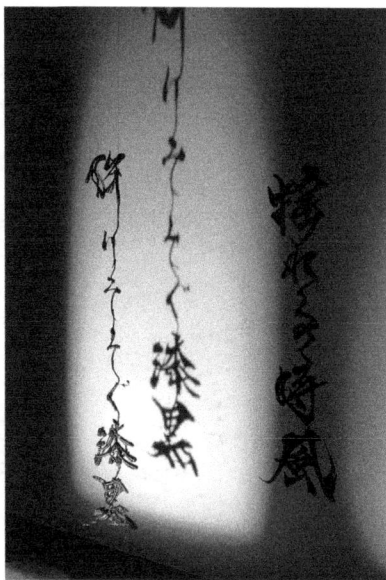

九 慢

慢是一种生活态度，十分合理，儿时的龟兔赛跑已然说明
了一切，我同样是懂得太晚。都市的生活太精彩，也太快，我
果然把人生视作了一次长跑，不仅是时间长短的赛跑，也是精
彩程度的赛跑，只是我忘记了配速。当我写这一小节的时候，
平心而论，十分疲惫，长期的睡眠不足加上焦虑症的影响，双
重折磨着我千疮百孔的心。一个人可以无爱，但可以给别人创
造爱；一个人可以无心，但可以给予别人感动；但一个人真心
累了，却无力再给别人一点支撑，这是我的真实感受。多年

来，强迫症的压力，让我总是在和时间赛跑，不想到书可以熬夜看完，灯油也可以熬夜烧干，当你没有前行的动力，没有了健康的心态，没有了安慰自己的信心，其实你的生命也就到了尽头。遭遇了一系列的打击之后，还好我活着，只是依然很累，游走于崩溃的边缘，我知道余下的灯油少得可怜，但人生路还很漫长，那就尽量慢点耗干吧！这就是生活的无奈，也是生活给予我的体验，一个无为的生活其实就已经不错，快不能代表什么，也许是错误的道路呢？实现也不代表成功，也许付出太多了，有节奏地活着，才是最好，如同打篮球，有了自己的节奏感，虽然慢，但还是有成效。人了解自己总是后知后觉，但希望每一个与我一样的奔跑者，都可以试着让自己放下，眼睛累了，就闭一下眼睛，其实不耽误什么；身体累了，就去做个按摩，那也是生活的一部分；遇到困难，试过了，不行，那就放弃，路总不会只有一条。慢是一种最高的生活境界，是我在经历了这些苦痛之后才幡然悔悟的，原来人生不一定是场长跑，也可以是一场走走停停的旅行，并没有定式，也不是为了终点，而是为了一路的风景，就是做自己而已，不用太紧张，不过适当地改变自己的世界观，也不错，制订计划再调整计划，然后实现计划，有点固执的人生最好慢点，再慢点。

十　禁止

人这一生，不可逾越的东西太多，如这标牌，禁止高压线下施工，但并非所有的痛苦都会有人立碑警示。人生中的不可思议总会不期而遇，从没有彩排，这是最没法控制的情况，而所有这些区域都是没有标牌的禁止地带，但我已经闯入，只是

因为好奇心太强，与我一样飞蛾扑火的人们总是络绎不绝，不是人与蛾子的智商一样，而是欲望隐匿了太多的侥幸心理，总是认为小心就可以走过钢丝绳。其实忘记了节目中常说的一句话，专业表演，切勿模仿，就是这个道理。影视剧中的剧情也总是很典型，并不适用如此多变的现实生活，常会说如有雷同，纯属巧合，所以永远不要抱有侥幸心理，该来的绝对不会不来。这样的事情很多，像是介入别人婚姻的第三者，只是想说如歌词一般，"爱有多少痛有多少，或多或少"，这样的伤害甚至会比婚后家庭争端的破坏力更大，没有结果的热恋，就如导火索已经点燃，炸弹却不允许爆炸，后果可想而知。职场内染指不属于能力范围之内的职位，为职场禁区，同样也是尽力了仍难做好，造成一将无能累死三军的结果。生活中的黄赌毒均为禁区这里不一一叙述。如何避免这些禁区其实并不难，那就是尽量不要触碰那些并不属于你的事或人，多听听老人言，有些后果，并不会让你今天来埋单，而是多年后才有体现，所以听人劝是没有错的。过来人的失败经历其实都是血泪，这些不属于你的东西，或是绕过或是浅尝辄止，也都说得过去。你也许会觉得多年后稍显平庸，但其实所谓的惊天动地只不过是违背规律的一次远行，既回不了圆点，也困在了未来，还得寻找出路，只可惜我们偏偏会去尝试，我亦如此。

十一　海的思考

海，平静中富有力量的景色，波澜壮阔，却有一种疗伤的效果。站在岸边享受风吹浪声，但却深知它的可怕。思维的深

层次也如海一般，幽深而不可把握，我们不敢深入，也难以了解。海可以疗伤，原因说不清楚，也许更多的是一种共鸣。人情绪如海水般潮涨潮落，也和潮汐也有一定的关联，海水有节奏感的声音和动作，是一种可以让人放松的调节手段。因为有了潮涨潮落，心里情绪也就有了高低起伏，海浪被引导着走向了岸边，潜意识同样也可以被引导，采用心理暗示引导情绪走向乐观。积极的生活态度就是一种良好的习惯养成，每天睡觉之前将一天改善的事情在内心中一一展示，让自己觉出进步，给情绪设定方向，如同你所有的好习惯一样，变得顺其自然。虽然有些进步在之后会滑坡或是反复，也不要太在意，该有的困难和反复如波峰波谷般必然存在，多把重点放在值得鼓舞的事情上，不刻意去隐藏软弱或是装出坚强，那样会很累。积极的生活态度可以让痛苦变得不那么明显，也可以分散你的注意力，让我们渡过难关。在面对无法忍受的痛苦冲击之时，也不轻易放弃这样的尝试，苦痛也有时限，尽量放松去迎接冲击，心理层次的问题都是波浪形，有难受的高峰期，也会有心理平复的缓冲期，在缓冲期尽量多与别人沟通聊天，维持积极的生活方式，引导心理疾病在乐观中前行。乐观是痛苦海洋中的风帆，载你走出困境。海浪是一种声音，可以感觉出温暖与智慧。当你不开心，可以沿着海边走走，看看夕阳，你会发现生命的渺小，你会慢慢接受哀愁的渺小。

十二　清空内心

如我的这张自拍，层层的空洞，如同掏空的内心，旁边的家人依然有映像，只是难言心中的畏忌和虚弱，所以拍下。把自己的内心放空是治愈手段的一种，能做到这种方式的人确实不多，放下那些所爱、所困扰、所坚持、所害怕，确实太难，有些是杂念，有些是执念，看似需要甄别，但其实又没有必要。再也回不去的那叫过去，已然没有价值，不清空内心，难得真正的清净，更别说当下的快乐。人是需要从心里走出来的，杨绛先生已经离我们而去，但她的文中清晰可见，活着的奥秘，不执念，已然过去的安然接受，迎接现在的总是一个新的太阳和新的一天。生活确实如此，我们容易精神焦虑，还是因为放不下的东西太多，无论是亲情、友情或是爱情，只不过那些放不下其实已经成为过去。我曾经为孩子的学业担忧，我儿子是一个顽主，但却胆小怕事，我的情绪对他影响不好，焦急又难以自制。但想想学业对我人生又影响了几何，如今所做与当年努力还是背道而驰。其实有些树并不需要剪枝，也许我的庸人自扰只能是适得其反，何必呢？还是和孩子做朋友吧；也曾经为对父母的孝敬做不到位，总放于心中，难以释怀，其实父母对孩

子而言永远不会埋怨，总是无条件的理解，所有的难以释怀其实以后的自己也做不到，又何必呢？给母亲捶捶背就是进步；婚姻亦是如此，如果不能继续相爱，那又何必勉强，顺其自然，放手也是解脱。爱情是一种享受，当你不觉得享受，又何必总回忆起过去的美好，那同样已经成为灰色；我也曾为工作惴惴不安，觉得一个图纸细节不够完美，世界就要坍塌，会影响自己的梦想。其实我对于这个世界是多么渺小，多么无所谓，工作永远都不会做完，身体却有个极限，历史的前行，我连螺丝都未必能够算得上，所以将这些压力和负累清空，不只是给予自己的释放，也是对别人的仁慈。

十三　感恩生活

再回到家乡，我可以拥有的蓝天，与儿时并无变化，但显得更加珍贵，不得不说绕了一圈，还是家乡美丽。感恩生活给予的经历，它是治愈的基础，我走过的这些痛苦，留下的总是变成淡淡的回忆，不再刻骨铭心。那些爱过的人，你们曾经是我坚定的信念，并不觉留有遗憾，爱是相互，并无亏欠，无怨无悔，谢谢陪伴；那些路过的人，我深深为你们祝福，因为我们曾经共事，一起的快乐，不一样的感觉；那些病痛，我也要深深感谢，人性的美丽不在于光辉时候的风采，而是伤痛悲哀时的人生再思考，我们在合适的年龄，明白了合适的道理，在合适的阶段，学会了放弃，在合适的瞬间，懂得了永远，也在合适的时候，让自己进行了蜕变。生命的伟大之处，是那么合理到位，并不会迟到也不会早退，曾经以

为这一切难于走出去，其实治愈一切病痛的良药，无他，只是时间而已。无论是让自己善感，让自己放下，让自己清空，其实都只是一个时间过程。病痛于生活而言只是如狂风一般，当你可以驾驭之后，也就变成了巨大风车，变成了动力的源泉，如何将压力、恐惧、病痛卸掉，大夫的治疗并不能完全根治情绪的障碍，但我们却需要感谢这病痛折磨，因为它让我们成熟。病其实从始到终，只是一种善意的鞭挞，一边是敬畏于生命，一边是尊重于规律，耐心再多点耐心，放下再多些放下。

十四　朝阳下的再次出发

治愈才是开始，并不代表结束，这只是心态的一个修复，不安的心略微稳定，站台略有不同，有的不再是逝去的光辉，渐重的脚步，也不是岁月催人老的钟摆，呼吸风的声音，不再焦躁不安中期待！再次启程的脚步渐行渐近，生命如约而至的改变，总在绝望之后发现生活并没有那么糟。压力和焦虑并不是压倒人的最后一根稻草，反而是让人内心觉悟的一种力量，脱离空虚，逃避现实并不是真正的平静，被动逼迫之下的爆发，才是紧张之后的潜能爆发，所以重新开始是强者的声音，认可紧张，认可焦虑，接纳自己，顺其自然，一切都是为了有一个更好的自己。旭日阳光下的出发，再平常不过，光影下的夺目，充满力量也注满了希望，感谢这些年与我同行的路人，感动我的灵魂，安慰我的精神，一次一次我们一起为了一个梦想而努力。阳光下的站台，虽然还是荒荒，但内心的那份

期待，可以感受重生的味道，生活如此美好。因为每一个日子，都是生活中的最后一天，每一个相视而过的面孔，都难以复刻，如何不让我珍惜？那些过去的已然过去，那些该来的还在路上，那些所谓的伤痛，其实也不是灾难，只是身体和灵魂的自然反应。当你还可以明白珍惜一切尚未失去的美好之时，那就说明并不晚，或是刚刚好，生命也许美好，藏着点，掖着点，不要太过于暴露，能够平稳、平淡、平凡地度过一生，那才是真正的强者。追寻才刚刚开始。

第五章

感情：维系

精神的力量

退回到开始之前，慢慢寻觅着生活中的五味杂陈，才觉得不能忘记的太多，不能放下的也不少。因为他们的存在，我们才有前行的动力；因为他们的存在，才有活下去的勇气。这种支撑被称为感情，感情是维系着人与人之间微妙的纽带，既看不见，也扯不断，让我们相互支持，相互鼓励，相互慰藉。

一　拥抱的真谛

人生第一次的相聚那叫缘分，争取来的第二次见面那叫爱恋，如果还有第三次的重逢才叫释然。这就是爱的全部过程。爱情是一个永远不变的主题，属于年轻的心，既坚定又容易驿动，它不会因为婚姻而变得乏味，也与婚姻并无一定关联，如同一个孩子活泼有生命力，让人振奋也感伤着每一个故事。喜欢欣赏这爱的雕塑，它们置放于我在南礼士路工作时的小园子

内，用了一年，将四季中的不同样子做了纪录，虽然雕塑本身并没有变化，但是配以周围的景色变迁，意味则不同，记述着属于爱情的故事，如同人之一生的陪伴，相濡以沫的温馨。不得不说，我认为拥抱是这世界最温暖的部分，这是一种超越了灵与肉的动作，却又可以静静去体验其中的味道，并不存有高潮之后的落寞。如可以体会拥抱的温暖，那你的人生就不会平庸且黯淡，最困难的时候也不算太糟糕，因为懂得拥抱的人才会懂得爱，有爱则不会虚弱，会让人坚定且勇敢。岁月在四季留下的痕迹总是不同，但是无论时光如何变化，那份属于他们俩的爱都是那么坚定，相依相偎，迎接着寒暑，迎接着苦难。生命就是这样，困难总是很多，我们可以走到今天并不是因为我拥有的智慧，而是我们拥有的爱，指引我们磕磕绊绊中前行。爱最简单，莫要修饰；爱最坦白，莫要隐藏。

二　爱的表达

默默珍惜且深深感觉，爱很简单，却不适合说出来，不适合直接表示出来，能感觉出来的意境刚刚好。"一切尽在不言中"说得最妙，多年前写字楼上无意中的拍照，就是这般，很是偶然，感人。多年后再来看，也不知道恋人是否还未满；今夕何年，逝去的与得到的，是否还是那么清晰。回不去了的一切，如这照片一般，都已经融化逝去。只是他们的故事有人纪录，他们永远不知，但是观者却动了心，用了情，也深感其意。白雪上脚印斑斑点点，或是有规则，或是杂乱，但是脚步踏出的爱心却无人破坏，撰写着我爱你。行人才是这个故

事的最好注解，每个观者，都在心里感动着，似有共鸣，如若不然，怎么会保存得这么完好？每个人内心感动，大家同样珍惜，渴望让它完美。爱如雪单纯洁白，保护好爱的最好办法是不要去伤及爱人心。爱并非用力就可以持住，需要的是一种节奏，要两人协调忍让，同进共退，爱其实是高难的动作，少有人能够坚持到底，才有了太多扼腕痛惜的爱情经典。当我们漂泊在都市之间过久，受过的情伤太多，也许，依然知道何人值得深爱，依然知道何人值得珍惜，依然知道勇敢不为所顾，依然知道路过即是错过，依然是风一般的男子，依然是迟钝的感觉，不同的是年龄过往，是情感的疲惫。

三　爱的坚持

　　一堆废墟之上的爱情涂鸦，应该是一位胡姓男子对一位名梦女子表达的爱意，只是场合和地点多有不妥，废墟之上的表达，并不礼貌，也不认真，但慌乱中的示意反倒恰到好处，点出心声，同样是风轻云淡，平淡普通。可能一切也已经漂远，不去猜测那份感情是否依然留存，但是这样的纪录方式依然动人，每段感情都不会完全雷同，每人表达爱意的方式也各有千秋，但都让我感慨颇深，嘘唏不已。我们逝去的不仅是时间和生命，更是那种对爱的触动，成年之后变得渐渐无感，让他们还是以回忆的方式纪录吧！如果说痛，爱之痛则是一种痛的极致，痛彻心扉，但又无怨无悔，最后每人又都会留存于心底，为什么呢？因为每个人的内心，曾经是花园，鲜花盛开，后来遭受各式的痛苦、创伤，感情的世界逐渐荒芜，最终变为废

墟，换来的结果就是成熟。只是爱情的世界如同这废墟般，变得不可复原，伤痕累累，但即便损毁，亦如这废墟上爱的表达，我们依然可以铭刻，依然可以坚持，依然可以记忆，直至生命末日。这就是爱的力量，不在于存在的形式，不在于最后以什么方式结束，无不是一种自我毁灭，也是以一种精神消亡的方式殆尽。当它成长，会变得蔓延遮盖住生命天空的全部；当它消失，会变为一尊失血凝固的雕塑。留存你我的样子却永远不可再动，已然石化，存在心底一角。任何人大约都会一样，这样才值得拿来叙说，如果说什么可以让老人在弥留之际还可以觉得温馨，那一定是存在心里那已经石化的感情了。

四　爱情的发展

这张照片生动地展示了爱情的发展方式，那就是蔓延，每一寸的成长都是对依附物体的越缠越紧，这种紧密演绎了爱情春夏之际的美丽和灿烂。感情蔓延与修剪的大树截然不同，从不受外界的影响，即便是压力，即便是反对，都不会改变方向，这就是爱情最惊人的力量，可以激发出每个局内之人的最大动力，没有规律，没有规则，这样发展也必然预示着不可收拾。春夏已过，秋冬将至，当只剩荒芜，再美的爱情都不复存在，留在墙面的枯枝就是爱的印记，虽已然不存在生命力，但是留下的痕迹，满满如血管一般深入了墙壁，这就是曾经爱过的刻骨铭心。如果没有这些爬山虎曾经的放肆生长，这面白墙就会显得苍白而无奇，但有了爱情的生命，如有了枝藤的白墙，生命从此就不再平凡。对于每个生命，或是每个寓意，杂乱疯狂似乎都不是主流的美感，但是爱情却是将无理性的美发挥到极致的情感，让你云里昭昭雾里昭昭，神志眩晕，虽是剪不断理还乱，但总还要及时抉择。爱情是个一步错步步错的行为，可能坦然最为合理，所以当爱情来的时候，最好的办法依然是顺其自然，不要相信自己的眼睛，不要相信自己的耳朵，要相信自己的心，尽量享受过程，不要太在意结果，因为结果其实并不重要，不外乎是失败的郁闷，或是修成正果，并不再光彩夺目。爱情真正可贵的就是过程的美好和惊艳。虽然多数人是在合适的时候放弃了合适的人，但这也是爱情残缺掩映着的残酷美学，一种遗憾，一种味道，慢慢变成回忆，到了这个年纪周围已经难有再真诚的爱，其实爱永远都存在，只是该属于你的已经不再单纯，时光的浸淫，让我们不敢再相信。

五　爱情的味道

爱情，多数人只是看到了它的华丽外表，却忽略了它的朴实。找不到属于自己的爱其实也不能全怪自己，光怪陆离的世界谁又能真正把持，需要的是灯火阑珊处的蓦然回首，才是人生悟道。成熟总是需要太多的经验和巨大的代价，只是多数人还是懂得太晚，有些本真就是一瞬间的感觉，莫要失去。如果说一种饮料可以诠释爱情的话，咖啡其实要比茶更为适合。因为从我而言，茶的清淡更像是婚姻的味道，而咖啡略带野性的美则更似爱情。咖啡从味道上来说种类太多，或甜或苦，但均意味悠长，与爱情的感觉相互匹配；此外，咖啡总是可以让人兴奋不已，激情爆发，燃情持久，这也与爱情中的感觉相似，

所以咖啡可以代言爱情。照片中的卡布奇诺，心形泡沫由内向外，由白向褐，如同恋人之心，内心洁白，包裹于世俗之中，但却可以留存最为简单的和纯白的本色，这也为爱情美好之处。任凭世界如何改变，留存下来的爱情故事无一不让人感怀伤神，就是因为它的纯，而爱情的味道，每人不同，有如卡布奇诺的温柔浪漫，也有拿铁口感的简单淳朴，当然也有美式咖啡的苦涩回肠，但越是苦涩，能够承受之人，体验的味道也是最为深厚。你自禅定，万苦万难，唯有一声轻叹，平淡以对，却不知，我等凡夫俗子早已泪流满面。不是说平淡的爱情不好，只是说所有的苦涩之后的感觉总是分外珍惜，毕竟经历太过曲折，当一切都已经结束，猜对了所有的过程，就是没有猜对结果。其实只是一杯咖啡喝在心底，所以味道只看品者的感觉了。如果只是过客，那段也是胶片，尘封，拿出来看看，青年时回忆一下，中年时偷偷地抹眼泪，老年后淡淡一笑，只为不枉此生。

六　爱情的空间

爱情维系的必要因素，没有永远讨厌的人，也没有永远都喜欢的人，只有永远需要控制的距离。如果说爱情的出现，是星星之火，之后便是燎原，一发不可收拾，但是，爱情燃烧遍了所有的草地，当没有可以燃烧的物质，那就渐渐熄灭，所以爱情需要心里长草，培养和经营，让其可以持续。如何控制爱情的发展确实是一门学问，其实倒也不是多难，看这一张照片，那就是空间。天空虽然满布了树枝，但各不干扰，给观者

一片恰如其分的天空，给树枝一个属于自我的空间。爱情的秘籍就是守好自己的位置，而不能因为太过热爱，迫切地去了解，占据对方所有的时间和空间。把空间换成平面就是距离，合理地控制距离，则更好理解一些，道理是一样，平衡其实并不好控制，一旦爱情这个跷跷板失去平衡，爱情就不再存在，一方将会尽力地去给予，另外一方则是极力地逃避，失衡变得不可逆转，爱情也就渐行渐远。

七　婚姻的意义

谈恋爱时在一起，是因为彼此被对方的优点吸引，结婚后能否在一起过日子，则要看双方能否接受相互的缺点，又回忆了一下《东京爱情故事》，觉得我和男主角曾面对一样的抉择，只不过我选了莉香，他选了里美。虽然莉香永不过时，但是里美代表的柴米油盐，更为现实。婚姻就是如此现实，因为它的美在于平淡。我拥有一段可以媲美任何肥皂剧的爱情故事，如梁祝化蝶，并且赢得了最后的婚姻，那些年三个人的悲欢离合，波澜于年轻的悸动，多是一种冲动，却也把婚姻的来之不易，演绎得无可复述。虽然十几年之后，她已然黄脸，生活也平平淡淡，但却不能割舍，可能这就是婚姻的意义。人作为个体是渺小的，工作的时候我们需要团队，而家庭生活的时候则需要另外一半，也就是我们常说的互补，与孩子生活可能是十几年，与父母生活可能也是十几年，唯与爱人生活可能是几十年。当你习惯了平淡，被生活磨去了所有的棱角，当你变为了黄脸婆，又变成了老太婆，而他变成了大肚腩，又变成了老家伙，则体现出了你一生中最成功的一件事，就是陪她（他）走完了所有的人生寒暑，忍耐了对方所有的缺点，看似很难，毕竟几十年，并非不曾想去改变，只是走到最后，才发现你最喜欢的部分本就是她（他）的不讲理，因为她（他）弥补了你的

性格空缺，所有的感情像是存款一样，都在老年慢慢一点一点赎回，这就是婚姻的意义吧。

八　婚姻的维系

　　当荷尔蒙变淡了，琐事越来越烦，当我们慢慢改变，不再有共同的价值观，我们还会相爱吗？当我们都变成了枯草，而周围都是新发的嫩芽，诱惑越来越多，我们还会坚持吗？当我们都成为父亲母亲，我们还会像热恋时候那样细心呵护吗？是不是所有的肥皂剧，都是王子公主快乐地生活在一起。虽然婚姻是一种储蓄，但是过程并不总是顺利，太过的维系如这电动自行车的防盗装备，除了三个锁之外，居然还有报警装置，稍微碰到，就会吱哩哇啦的叫个不停，很是讨人厌。其实我并没有对他的爱车有什么非分之想，如果我烦，估计别人也有如此感受，这车要是有感觉，估计也会觉得挺累。婚姻维系最大的误区就是如此这般严密的防护，婚姻与爱情的区别是爱情建立在感觉之

上，即爱情更像是一种感觉，也很在乎感觉的变化，因为爱情更为敏感；而婚姻则建立在信任之上，更像是一种亲情，所以没有了那么敏锐的感觉，多了一层默契，基础不同，结果也不同。如果爱情上了锁，尚可称之为爱的自私，可是最后分手，失去的是一个人；如果婚姻上了这么多层锁，那就是锁住了自己的快乐，婚姻失去了自由，而没有了任何可能的活力，最终的结果只有失去自我。爱情的终结是对不能坚持的信任，婚姻的坚持则是对信任的长期认可。

九　父子亲情

回家的代价越来越大，别人不懂，累在心里。现在理解小时候父母的不容易，父母的爱，总是在卑微贫困的时候显得越加浓重，孩子的很多快乐就是一个鸡腿。父母的目光只有在我为人父之后才能看懂，孩子则需要成年后才能拿来回味，儿时看到的永远是美好一面，这就是我父母的伟大之处。希望儿子以后能

够原谅爸爸的坏脾气，我做得确实不如我的父亲。这张照片不太雅观，只是多年之后看依然觉得比较温馨柔软，儿子是一个十分淘气的孩子，但是胆子又小，总是因为做错了事情而激怒我，所以少不了被我胖揍。之后我总是每每自责，却无法容忍他的不思悔改，但他还是总黏着我，像这样和我一起洗脚。现在想想极为后悔，但毕竟时间是回不去的，一转眼儿子已经十岁了，即便再回去一次，我的脾气应该还是不好，而他也还是会让我生气。毕竟养育孩子也是一门学问，并非简单地从书中就可学到，而我也没有一点经验，都是摸索。只是每一个孩子都是一个精灵，上帝派他来并非要与你作对，而是来鞭策你的成长。和孩子一起成长，是我接近不惑之年的最美事情，我常懊悔对熊孩子的暴力，但日子也是这样慢慢渡过。皱纹慢慢爬上额头，儿子的个子越来越高，更加淘气，考验着我的耐心极限和忍受程度，有些时候他更像是一个老师，引导着我去尝试让自己变得更好，因为我就是他的偶像，我的负面情绪确实可以影响到他，改变总是有的，有些事情也再转好，我不会再气得暴跳，也慢慢可以和儿子交流游戏或是电影，去促膝而谈他的学校生活，去分享他的喜怒哀乐。亲情的快乐其实就是这所有的羁绊，当我们慢慢可以学着接受，有了沟通的渠道，也就慢慢成熟，只是孩子就已经长大了，也是他们离开这个家庭的时候，留下的回忆都是甜蜜的，不曾留有任何一点遗憾。

十　家庭的力量

一个完整的家庭如同这些影子，三口也好，四口也好，总

是血脉相通，心手相牵。影子如同人的灵魂般与我们如影相随，而影子中所诠释的味道就是家的味道，小时候看到的是父母高大的影子，长大后看到的是孩子小小的影子。时光中，我们一览无余，岁月下，我们渐行渐远，这就是人生，也是生活的全部。感恩生活中遇到了你，也感恩我们可以在一个屋檐下欢笑怒骂。家庭是一种寄托，当周边的亲人朋友都慢慢故去，才会觉得的孤独，如杨绛先生的晚年，依然会写出《我们仨》，那就是她对家庭的温馨回忆，是属于她也属于每一个人的精神寄托，是我们前行的动力所在。一生中总会面临太多病痛、折磨、失望，只有家庭才给予了每一个人活下去的勇气，这是没有宗教信仰的自然信仰，是我们相互牵挂的那一部分，为了家人，为了亲情，我们需要更加坚强和勇敢。

照片中的第四个影子如同文艺复兴时期的油画，寓意着家庭的危险，一般不来自于内部，而是来自于家庭的外部。在一个愈加躁动的社会中，对于生理或是心理的诱惑，总是可以破坏一个家庭，让这幅温馨画面出现危机。并非对手太过强大，多数的原因是来自于内部的厌倦和疲乏，柴米油盐的生活使每个人都容易厌倦，问题就会被放大，隐患则开始出现。于婚姻而言如何适时地找点乐子，是调剂漫长家庭生活的一个办法，待到激情散去，奔向老年，也就一切如常了。生活本是无奈，迁就中活着，是每一个家庭都要不得不面对的课题。

十一　难熬的矛盾

当家庭的烦琐变成日常的一切，则需要有体味平凡生活的

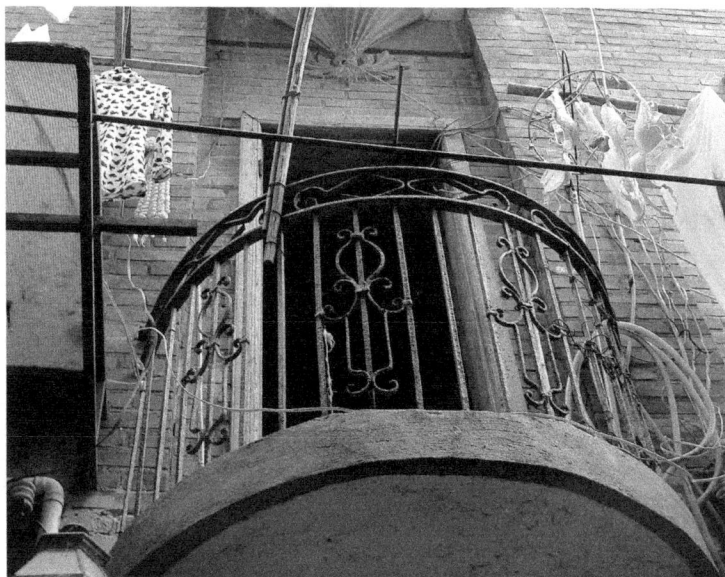

心境，无论是争吵，还是哀伤，总是家庭生活不可缺少的调料，五味杂陈之后的感觉，并非当时能够体会。家庭生活最大的考验是漫长且无味，所有的挣扎与煎熬，只不过是为了年老之时的相互依附。想起我的父母，一位执着善良，一位自私无忌，相去甚远，却因为孩子和传统坚守一生。小时候父母吵架是常事，打架不多但我仍清楚记得我夹在中间哭喊着拉拽他们，回想起来都是恐慌。生活中的暴风骤雨谁都见过，只是他们依然可以为了几个孩子和一个家庭的完整坚持下来确实不易。分开是一件很简单的事情，但是并非容易，一个家庭中包含的责任、信任、承诺、传统、世俗都可以让人三思而后行。其实婚姻最大的秘诀不外乎就是相互妥协、迁就，搭伙过日子确实有太多的现实问题难于理解，并不是去证明谁对谁错，或是都有问题。其实家庭矛盾就是一种外部压力的内部释放，于任何一个家庭都是一样的，因为信任才有释放，所以还要有恰当的阿Q精神，不太过于较真。这本是平淡生活中的调味剂，也是不激化矛盾的最好办法，爱情中我们忽视了对方的缺点，总认为婚后可以去改变和调整，但实际在婚姻中，我们不得不去接受对方的缺点，直至成为一种习惯，这就是婚姻本来的面貌。其实与谁结婚并不重要，因为很多东西都会改变，但有韧性的婚姻才是一个好婚姻，决然不是一方一味地忍让，其实也是双方适时的宽容，才存有坚持下去的理由。

十二　简陋的家庭

　　人类最早的渡河工具，应该就是竹排或是木筏，时至今日还在使用，作为交通工具已经足够简单，放在这里似乎与话题相差甚远。一个人静静坐在水边，想到的却是家庭，婚姻的最高境界是一个合理的度，穷困潦倒或富可敌国都太极端，并不典型，最佳的婚姻状态恰是简单，如这竹筏的简陋，其实很实用。婚姻生活的烦琐问题很多，如有太多要表达的爱意，或是太过周折的费心，都会让人疲惫不堪；而太少的关心，或是常常的遗忘则会让婚姻冷淡无味。简单是让婚姻富有生机的办法，不要把婚姻变成负担，其实有苦就有甜，有悲伤的时候也不要太过当真，生活总是如此波澜壮阔，这也是其魅力所在。让我们轻轻地放下纠结和做作，去做好那些因果关系，撒下的种子，总会结出相应的果实。我们是孩子最好的老师，爱情只不过是生活中的相互关怀，亲情只不过就是摸摸孩子的额头，

友情不就是困难时默默地拉一把，这就是生活的意义。当我们按着不同步调向前走的时候，走得太快，家人会跟不上，不要太急，停下来，等等，休息是对自己的一种心平气和，也是对家人的一种等待。生命并不漫长，但足够我们走走停停，不追求奢华，如这木筏般，简单就可以，我们的生活很普通，放下复杂，轻快前进。我最幸福的事情是给老妈捶捶背、陪老婆做做饭、搂着儿子讲讲书，做到也并不容易，已然不求更多。

十三 夜的迷离

昨夜风雨声，入眠有几人？一个停电的夜晚，终于没有了电视，也没有了手机，没有了空调的嗡嗡作响声，没有了冰箱的断续启动声，没有了一切可以发出声响的嘈杂，空气中的电磁波都停留在空中，不再移动。窗外的夜空下，都市霓虹依然光彩夺目，只是我终于可以安静面对这个嘈杂的场景，可以安然与母亲面对面说点话，回味一下儿时停电时候的感觉，一家人围坐一圈，聊聊天，嗑嗑瓜子，儿时关于母爱的回忆变得一点一点清晰，那时候的母亲总是很唠叨，但总是母爱满溢。一家五口人现在偶尔也可以相聚，只是少了对话的主角，大家都很忙，也不知道聊得什么才算是共同话题，因为确实存有代沟，所以总是草草结束。小时候似乎一切又都很珍贵，所以可以聊很多我们今天认为是无聊的东西，今天俗称为八卦，只是八卦的范围很小，那时候的世界很小，总是街里巷内的杂事。如今的夜没有谢幕的时候，光线总是掩映着夜空，空气中的声音总是不绝于耳，那种躁动不止源于声音，也发自内心。母亲老了，唠叨也变得少了，经常是沉默，作为儿子总是不了解

如何表达爱意，不善表达爱，也确实难于沟通，只是爱根本就不能用言语表述，在母亲的眼中我永远是孩子，还在成长和慢慢成熟。不知不觉中自己也已经人至中年，母亲也老了，却还是不知道如何去表达对母亲的爱，不知道是不是儿子都是这么笨，只有在漆黑的夜里，心终于得以安静片刻，可以与母亲有了一点的交流，可以再次听到母亲的唠叨，不知不觉中热泪盈眶。其实陪伴就是母亲所想要的，不需要语言，只是我不懂，也难于做到。雨夜的窗前，停电让住宅楼无助的瘫痪，陪着母亲静静的聊天，不觉中母亲已经睡着，这些年努力着拉近母子的距离，但还是越来越远，成长总是赶不上母亲日渐老去的步伐，人生路上理解始终慢于遗憾一步。

十四　友情的距离

关于友情，不会说太多，因为这是我的弱项，源自儿时的不合群，朋友太少，但这话题不能避过，因为自己病中才发现朋友的鼓励如此重要，让我重新审视友情的力量。只是我总是慢了好几拍，错过了友情在几十年中的慢慢演化。小时候的歃血为盟，大家流行拜把子兄弟，我没有勇气加入，别人也懒得带我玩，他们抱团省了被人欺负，我的童年则是比较悲催。到了后来的酒肉朋友，让友情多了一些利益的味道，并不单纯，而我选择了自我清高，直到孤独。生病的男人是需要鼓励的，才觉得友情的可贵。如这照片的水滴，友情是汇聚起来的力量，只有积累到一个程度，才可以跌落下来，变成打出去的拳头。友情对于男人而言是力量加倍的作用，对于女人而言是

情绪释放的作用，而那些红颜知己或是蓝颜知己，也是难得的
友情，只是不能走得太近，太近就太容易发展成为爱情，但总
还是要先学会珍惜，而我总是缺少这可以推动的合力，直至今
日，欠缺也好，错过也好，现在去拥有，也还不算晚，混入世
俗，其实才是进入社会。

回顾走过的这些年，生活的酸甜苦辣给予的教训很多，只是现在不会再去埋怨，而是感恩生活。这让我看透了许多，至少是不惑之年的释然。虽然失去已然不少，但觉得拥有仍然很多，生活依然美好，为什么不去珍惜当下。

一　活着总是孤独的

必须要承认，我们一路上经历的人很多，被称为"阅人无数"，但是能够与自己相伴到老的却只有自己的身体。寥寥几十年，同时演绎了人的两种活法：一种是等待，一种是追赶；当然也不外乎两种死法：一种是等死，一种是赶死；无不是以消耗生命为代价的探寻。静下来思考，如这青海湖的冬天，冷清却很清醒，孤独且干净，很多思绪蔓延在这几十年的感受与回忆之中，放下的是那些过去，怀疑的却是未来，经验和教训总是有的。40 岁前学会了放弃，40 岁后才会懂得选择；40 岁

前经受住了诱惑，40 岁后才耐得住寂寞；40 岁前该与凡人同
一步伐，因为我们尚有很多道理不明；40 岁以后则要制造与
别人不同的人生。因为已经明白生活的兴趣，可以按照特立独
行的思路去做点事，去实现自己的梦想。存在感也并不适用于
每个年龄段，当我们精神层次上还是个孩子，那还是遵循规矩
为好，省得无谓的痛苦和牺牲；当我们思维蜕变，重新思考人
生和未来，适时地学会孤独则是生活的本质。我们也需要一点
独立的精神，在冷僻和荒凉中一个人前行，景色如这青海湖一
般，苍凉且壮丽。生命的壮观总是在拒绝喧嚣的时候才可发
现，也更加清晰。

二 儿童的烧火棍

活着，并不会因为你是孩子就会对你偏袒仁慈，也绝不会
因为你的弱势而多点关照；恰恰相反，生活的压力总是更多地

给予弱者，越是逃避，越是不可避免，所以，每每看着从困难漩涡中爬出来的幸存者，都心存敬意，因为改变生活很难，绝非文字说的那般简单。想着伊拉克或是叙利亚的孩子，有神或惊恐的眼睛，就知道压力给人总是两种结果，要么被压垮，要么努力存活，物竞天择更为明显。这照片中的孩子，则多了一点游戏味道，手持烧火棍，神情冷峻，令人敬而远之。在这个安定的国家之内，普通人不会了解战争的苦楚，但来自工作生活的压力侵扰着都市霓虹灯下的人们，如我这般。修复自己要从恐惧中走出来，尝试了逃避却发现并没有办法根治，自己手里的烧火棍还是法宝，那即是乐观。病痛恐吓，精神战栗，无不是想夺走这烧火棍，使自己陷入无限的恐惧中，还好这是我唯一的法宝，乐观向上，便会发现生活如此美好，我又何必妥协？故远离不良情绪十分重要，悲观情绪与乐观

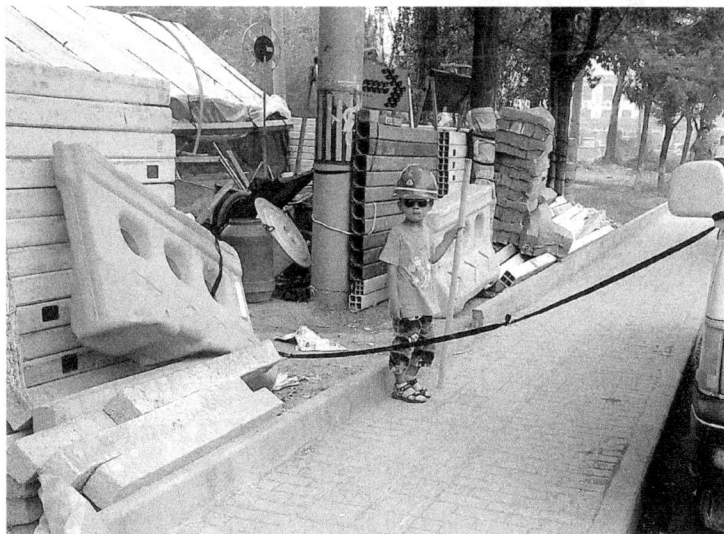

情绪一样，都有感染力，但作为敏感的人，这种识别是很容易做到的，不管对方是朋友还是亲人，都有必要远离，反观乐观情绪的人可以多接触。

恐惧的消除还要重回到恐惧的地点，找到相同频率，再来几次经历，消除化解恐惧留下的可怕印象，有保障地触摸恐惧，该是一个可靠的办法，对我而言还有很大障碍，内心还会拒绝，希望未来可以尝试，突破来自外因，也不勉强自己，要不则会适得其反，加重恐惧。

三　回家过年

后视镜中商量归家的民工，拍照的角度比较特别，效果却很不错。又是一个回家过年的时候，时光总是设有这个点，西方是圣诞，东方则是春节，让我们有机会停下工作，给自己更换另外一种称谓，或是孩子，或是父母，或是朋友，或是同学。可以回家过年，给自己换另外一种繁忙，但也是另外一种心态。虽然辛苦，但为了家人的快乐和开心，也是别样感动，而自己也有一种重回故乡怀抱的放松，多有感触。我很久没有回故土去过春节，家里已然没有房屋，儿时拼命想冲出的那群山，现在也把我抛弃得很彻底。人到中年才发现自己的根从未远离魂牵梦绕的热土，人性的任性终究低头于人性的理性，在划过一个不规则的圆圈之后我再次回到了起点，不同的却是累累伤痕，而生你养你的那片土地却并未改变，还是沉默。儿时对过年反抗强烈，反感颇深，不懂过年熬夜的意义，以为只是传统，看着除夕旺火前思量的父亲，现在才懂是因为又老一

岁，恐惧自己的变老，人到了尽头，不舍得放手。相对而论，生命确实很长，可以感知太多，但生命也很短，因为渴望的更多，生命的意义在故土已有答案，等到不惑，我才明白。当生命遭遇挫折，当人生道路艰难，才发现自己所失的居然是根系，再想回家过年已然不可完成，回不去了，继续向前，这个神经却是越绷越紧，这何尝不是一种越加强烈的矛盾，直到爆发后的今天。

四　青藏公路

我们称之为天路，遥远的尽头直插天空，觉得那一端即是结束。在热闹城市中游离太久，内心总是空旷，而这里则充满

了故事，反而景色变得无垠。寂寞是一个人的狂欢，热闹则是一群人的孤单，有些时候我们就活在即将发生冲撞的轨道上，自己却浑然不知，无论意外发生的还是蓄谋已久的，对此我们都无能为力，只能任命运摆布，而人生就是这公路上的单程票，当你坚持到尽头的时候，就会发现这故事的另一个版本，并非绝境，这也是人生的魅力之处。如果你知道了结局，就不会再对过程感到羡慕和好奇了，所以人生没有如果。生活就是困局之后的觉悟，即便再回到年少，我依然会坚定地选择如今的道路，即便了解如今的困难与病痛，性格如此固定，不会有一点悔改的可能，怀疑但不信邪，争取的结果，就是一条必须也必然走下去的天路。多年后拿来看，不能说是错误，但确实因此很累。经过这些是非之后，现在要看淡结果，虽然努力是必需的，但过程却是我生命的全部美好。淡淡数十年，机缘巧合一切都来得那么随意，其实又是那么的必然，每个偶然最后都变成了必然，每一个遇过的人，最后都出现在合适的位置和恰当的时间，从不无意。生命就是这样戏剧化，只是你我可能都没有在意这些过程，如果可以多点观察，那生活就是一部自己主演的电视剧，不用彩排，即便之后有后悔，总还可以给自己一个借口，这就是剧情安排吧！轻松点，其实世间并无真正的难事，太多的得失，只是我们有时候想得太多，别人都不在意，自己又何必在意。

五　澄澈的天空

界限总是分明，突入蓝天的枯枝，必然是那么刺眼。这是

冲突的寓意，梦想与现实的冲突，两种生活方式的冲突，两个世界的冲突，或是不同性格的冲突，代表太多，我的理解也很多：一如寻找光明的人最后必定迷失于黑暗之中，所谓追求光明的人，多数是情感世界的盲人，看不到身边的光，所以追寻必然没有意义，而需要的是自我觉醒，这是追求的理解，也是我之前多年所追求的幸福，并不了解的那些身边的珍贵，已然逝去；二如要成为江湖大佬的前提：是你必须还在江湖中存在，没有了存在，哪里还有未来，其实就是要苟延残喘，这是活下去的理解。我就一直活在边缘，初出茅庐的时候，我很固执，与这犯界的枯枝无异，一边是别人眼中的酸腐，一边是社会给予我的教训。年轻时候确实不喝酒，与同事说喝不了，但等到公司董事长来桌敬酒，我却又难以拒绝，别人说我不实在，说我喝酒看人。忙也是同一个道理，回避着各种各样的聚会，却总不会因为女友约会而耽搁，被人看成好色轻友。总有些事能让我改变主意，不想说自己的性格是多么软弱，也不想说自己的耳根子软，不懂拒绝是这些年的硬伤，伤的却是自己。也许这是性格的弱点，却也是多数人生活的一种常态，不代表有多坏，只能说明还是比较笨，不会用谎言弥补，或是说谎还不够熟练。但如果你不是天生的谎言家，那就还是坚持你自己的诚实吧！我碰了多年钉子之后，才发现原来坦诚就是自己最好的武器。如东施效颦地去学习世事，性格作怪，多年后仍然不擅长，反而慢慢懂得善意拒绝。有了拒绝才让我觉出了活着的主动，其实真实的自己别人还是能够理解和原谅的，不用那么害臊，再说了难为你的人你又何必那么腼腆面对。

六 防护网下的过路天桥

天空阴沉，城市忙碌，燥热的夏天，看着车水马龙的远方，有点失落，这个城市有我的同学、亲人、曾经的同事，但却很难再见。一颗被网包裹的心，一个被距离阻隔的人，时代

改变了的环境，压力隐藏了快乐，距离产生了隔阂。当我在怀念童年时，他们在低头忙碌；当他们累了扶起腰，我却又埋头不语。都市生活就是这样，总是错过，很难再像从前那样自我和简单，一颗早衰的心挂在每个人的脸上，一天又一天，生活被压力病毒侵染，甚至有人与我一样在与自己做斗争，在精神世界里迷航。本渴望关怀的心灵却更多地选择了独行，是否能够和自己和睦相处，都变成了很深的学问。

七　最后的荒芜

眼前景色不再，静看冬去最后萧条，默默关注纷繁的到来，躁动已经在风里。我的视角不是靓丽，是灰黄，广阔中的孤寂，如原野般泛滥，干涸的土地，干涸的心灵，裂纹肆意在心里泛滥，只可惜灵魂不再，脚下的土地——我的家乡，再次来到，已经是 8 年之后。只是寥寥数年，心里却觉得太远，漫长得像是经过了几个世纪，这种干涸并非一日而成，而是一种习惯养成。让我回想起曾遇到的一幕，某一天的早班车上，一个人面色蜡黄，黄得吓人，需要人搀扶才能行动，一眼就感觉不久于人世，周围的陪同看来也并不普通，着装正式且有身份，坐的都是头等座。只可惜反差极大，生命的终点不因为身份的高低而推迟到来，再厉害的人也挡不住生命的终结。每人这一点上既是公平同样也不公平，因总有早早离开世界的人让人心觉怜惜，但我们却不可否认都在向着那一天奔跑。有人是在加速跑，有人是在边跑边欣赏风景，有人干脆不慌不忙地走着，任时间鞭挞，不为所动。选择活着的方式，决定了到达终

点的时间，因为经历过干涸，所以我了解生机盎然的可贵，想想有什么理由不珍惜尚且拥有的一切，不曾彻底荒芜的心底，也还存有希望，不可再透支的人生则需要放下庸人自扰，可以奔跑的人生每天都是晴天，何必在意那一两次的摔倒呢？

八　裂缝

还属于青海湖的冬天，冷得无助的割裂，冰面不再平整，难于忍受，完美就此破坏。而当我们处于生活的矛盾之内，无助之时，裂痕也终究出现，存在于生活的方方面面，或是感情，或是情绪，或是选择，不细数，如照片一般，拉力之下，冰面层层裂痕，却还是尝试封住裂口。虽然缝隙可以堵上，但痕迹却不会消失，如世界总不会完美，但一定有种办法去自我

修复，找到新的平衡，留点伤痕其实并没有什么。裂口总是更加坚固，反复的淬火，才变得有了强度和韧性。因为我是个理科生，本该释然，偏偏我却放不下，也明白理科生和文科生的不同之处：理科生追求现实中的完美，生活所以进步了；文科生追求理想中的真谛，所以哲学永无止境。而我性格中有太多文科生的浪漫和执着，却成了一个工程师，曾经因为工程师和设计师的称呼还想争辩，只是如今看，其实骨子里的定义又何须争论，性格所限，我依然努力弥补生活和心理的缝隙。其实弥补永无止境，也不会拥有答案，但却是我活着的目的，单纯而执着，更像是一种行为艺术，不想带着裂缝活着的人生，用一生的内心去弥补缝隙。

九 落叶

欲望像地上扫不尽的落叶层层盖住了你的耐心和决心，我们总是希望尽早去完成梦想，或是快速去结束病痛，但是树叶却越扫越多，信心也越来越虚弱，直至绝望。心上有着一亿的小小目标，身上却只有一天的小小耐心，就如这秋天的落叶，一定要等到冬天，叶子都掉光后才能扫得干净，可是你却希望在秋天就完全扫完，所以生活中病痛也好，愿望也好，耐心地等待总是没错，慌张的决定总不如慢慢地解释，焦虑症的反复也是如此。心理的问题一片一片的出现，而非一次的出现，不停奔命地解决各式问题，当好不容易觉得一切向好，信心有所恢复的时候，一场大风，落叶更多，新问题会让我瞬间崩溃，慌张之下信心更易缺失，所以信心悠着点用好，一定要

沉住气，乐观点就是。病去如抽丝，说得真好，不就是等到冬天吗？日子还要过，只要不把自己吓死，困难总是能够安然度过，坚强和坚定其实是种一直存在的生活方式，问题的出现只是太在意，执念太重。其实仅需要不在意而已，痛苦也好，困难也好，欣然接受现实，直至所有的困难都见识过之后，你就免疫了，打不死你，你就赢了，病痛的祛除，只不过是你已经无视它，并不是反击的结果，其实这是一种包容，到那时，你才可以真正释怀。

十　伤痕的意义

小时候很好奇为什么白杨的肢体上总是留着这些很像眼睛的疤痕，像是一个指引，或像是一种咒语；长大后才明白，那是为了让杨树不长歪，而修剪了每一次侧斜的分叉，杨树才可以笔直，成为穿天杨。但这每一个分叉都是一个伤疤，每一个伤疤都像是一只眼睛，望向曾经的方向，如今的远方。这就是杨树给我们的经验教训，面对太多的诱惑和选择，选择了太多原则和世俗，有了向上的空间，也有了所谓的成功。两种生活态度，一种是选择修剪的人生，成功而标准，但是一身的伤疤，失去年少的快乐和童真，那些眼睛如痛苦的放弃，直视着远方，告诫自己不可再犯，也遗失着自由和放纵；另外一种是选择不修剪的人生，杂乱无章，没有重点，不再笔直，成就的是平凡，但是身上再无伤痕，只是被人轻视。我却执迷不悟地选择了后者，还是希望可以成为自由的自己，虽然别人定义的人生很成功，很现实，但却未必适合每一个人。虽然我也渴望成功，但对于自由与成功而言，我还是觉得自由更为可贵，也许会平凡无奇，但终究是属于自己的个性和习惯，不想成为长得一样的穿天杨，更不想留下痛苦的眼睛。每个梦想都值得尊重，虽然他们可能很另类，很不入流，也算不上成功，但

却是他们真实的样子，存有每个年龄段该有的经历。没有过捣蛋的人生始终不是完美的人生，不过最后如果一定选择了天空，那可能也必须要选择放弃其他，因人而异，不做强求，并无对错。

十一　尘埃

单位一次聚会的酒吧，除了震耳欲聋的吼叫声就是充斥空气中的香烟味道，与热闹的环境对应的是孤独的我，静静地一个人坐着。看着寥落的红酒和桌面足球的刺眼白斑，众人肆意地释放自己，释放着欲望与压力，庆祝着孤独世界的集体寂寞，我却一个人慌张地躲避着整个世界，怕被世事感染，自己

确是另类，无法适应环境，可是灯光下的光线告诉我，我无处可逃。光柱的形成，需要颗粒，光线下的烟雾颗粒，唾液颗粒，欲望颗粒，都阻挡这光线的穿透，于是遮挡形成了光柱，空气中充斥着各样情绪。我想逃离，却被人阻止着，聚会还没有结束，不可离开，自己也没有能力去脱离，换个地方大家依然还是做戏，我仍是没有办法入戏。但是我深深知道这样的生活我将沉沦，也会让我失去健康。悲哀的处境让我们没有选择余地，平时可以自我欺骗，因为没有尘埃折射光线的生活，我们什么也看不到，眼不见心不烦，可以自我麻醉，可以安慰自己。当你瞥到心里其实早有的真相之后，却只是更多无奈和伤感，这部剧中我只是群众演员，剧情需要，没得选择，没有尽头的夜晚，焦躁地期待结束。其实人生就是我们慢慢地熬向尽头，这就是生活的真相。

十二　优雅地活着

每周都可以看到一个坐高铁的老太太，年龄有六七十岁，却很精神，干练且优雅，拉着一个小推车，带着很多的东西，与我一样往返于北京与廊坊，很精明，会和不同人聊天。每每看到她，总是觉得活着确实是一种状态。如这

老人的状态，活着的意义，可能就是让所有认识你的人留有念想，让我们还有圈子。老可能是一种状态，但在很多外人面前却是一种精神，或是一种寄托，或是一种希望，只是看着她静静地靠在椅背，才觉不容易，觉得活着真的是为了别人眼中的自己，坚定和乐观，这是一种存在感，感染着别人，也坚强着自己。当周围人都离开了，路过的人不会再寂寞，寂寞的终将是你自己。当想象自己老去，会选择一种落寞，还是选择如此的坚强？虽然内心也是恐惧，我想还是会给别人希望，珍惜每一个路过的人。那些人的样子，那些音容笑貌，虽然不再来往，但还是一段缘分，多少是回忆中的一个微弱印记，这就足够，他们是支持我活下去的潜在动力。

十三　形状并不重要

这应该是我见过最为诡异的锁具，"手工精品"，但确实是一把锁。生活中太多事情，并不看过程，而是只看结果，有用即可。如同生活，很多时候我们猜对了所有的过程，就是没有猜对结果，被现实戏谑。成功从来不讲究实现的方法，所谓的现成规律或是约定俗成，那是别人过去的经验，拿来借鉴，成功却早已偷偷溜走，又跑向其他我们不认同的死角，或如同潮流一样回到了几十年前，所以成功属于少数人，是属于那些先知先觉者，是属于那些敢于特立独行的人，更属于顺其自然的人。当你用尽所有的努力，只是被设定于一个常规的剧情，与千万人一同拥挤小桥，那结果自然总是低于预期，既难以超越前人的高度，也并没有发挥出自我，所以现有的思路并不能带你走出一条新路，成功总是要多了那么一点偶然。快乐也是总远离尘嚣，更加自我，你有与别人不同的办法，只是被规则所抹杀，但我们毕竟生活在现实中，也确实无奈，如果实在无法另辟他途，享受生活中赋予你的那些小快乐或小成功，也不错，也有价值，突然而至的快乐或成功，很多时候都来不及去反应，却是真正的价值，刻意了，反而难以复制。失之东隅，收之桑榆，是人生真相，不要在意自己的目标是否实现，也不埋怨。活着没有剧本，也没有彩排，不能完成目标的时候，一定要仔细看看，总有收获，成功就是属于自己的顺其自然，不自觉中的快乐已成就了人生。

十四　工作的本质

　　每每看着在民间的高手，就觉得人可以活着很浑，可以被人瞧不起，也可以是个小人物，但没有必要看轻自己。所谓的成功其实并不算遥远，行行出状元，只不过是把自己每天做

的事情再做一遍，不用太久，就会觉得这事情其实不难，唯手熟耳，再坚持几年，你也会演绎普通人的成功。工作的本质，也不过就是反复去重复，直到熟悉。其实我们都是用一生的时间去演绎乌鸦喝水的故事：填石子。不同的是有的人瓶子大，有的人瓶子小，但努力确实是同一码事，都要去做的。其实也不要多刻意，坚持就是，只要做得够久，功到自然成。当然哪种瓶子是另外一码事，有的人瓶子太大，用了一生都没有填满石子也不是没有可能。心愿是个可以可大可小的容器，完全看你自己如何选择，而我们的对手只有一个，也没有必要去和别人比较，只要比过去的自己好就足够，所以啊，当你看到地铁里的茫茫人海，就不要再去想自己是否优秀，如何开心的做自己，才是生活的全部，找一个合适自己的瓶子，似乎更有必要。成功的人生源于方向和心态，就是对瓶子的选择，而绝非是速度。人世间活着，说起来很艰难，再温柔的男子，都有一颗坚强的心，那是填充石子的艰辛；但也可以很轻松地活着，如旷野的男子，可以尽情地奔跑，全看自己的心里是不是拥有一片草原。选择如何生活，其实只是个瓶子的问题。

十五　做自己

不是模仿任何一个人，不管多衰，总有存在的理由，门口的扫地大姐每天早早出现在街头，不分下雨还是天晴，生活总是那么朴实而低微，但却是这个社会最为值得尊重的那些人，辛勤多于常人，所得却很少。依然还是阴霾天空，灰色中透着点蓝，生活平淡而缓慢流淌，对面的男子一早就坐着思考人生，贴条的大姐则要戴着口罩来执法，一百块一张，一切都是我简单和已经习惯的生活。小城的清晨，没有太多的动力和感动，并不单色的世界中，生活的色彩却是如此单调。突然看到一抹粉红色，那是扫地大姐的红丝巾，很扎眼，震撼着我，也让我心存感动。小人物的生活也可以如此灿烂，即便周边都是一片灰黄，即便生活如此艰辛，但是对于美好生活的向往推动着每一

个人前行。生活就是简单中而见到伟大，善良、信心、乐观决定了心里的天空，即便天上没有阳光，心里有阳光，内心也一样温暖。生活的本质就是自我找点乐子，前行不需要原因，只是源自我们内心的那份渴望，美好不管在不在前方，我们都要乐观地活着。快乐不在于你的卑微和伟大，而是在于你能不能自我欣赏，自我感受。当我们告别夏天的时候，总还有些人过着夏天的生活。因为足够卑微，面对无奈，摊手笑笑，也并无妨。有几人选择拂袖而去，有几人选择卑躬屈膝，一切，都在顺其自然中做了决定。

十六　通往家乡的铁路

塞北的深秋冷清，却壮观，河流流淌去向那些未曾谋面的地方。多年没有回过家乡了，年龄越大却越是忍不住，与时间的历练和性格有关系，但却清晰地标注着年龄刻度，开始怀旧，不用太在意，要离开的总会离开，舍不得的也总是舍不得。亲情与爱却总是表面冷内部热，都会慢慢去懂，就如同谁都有郁闷、错误、烦躁、懊悔和无奈的时候。我也知道劝人，其实是无用的，换了自己其实一样难以释怀，如同这潺潺流水，总是流向大海，总是去选择那个最低点走，直到平衡。静静地倾听诉说，可能比安慰有用。控制心态总是和年龄挂钩，不到一个阶段，很难达到一种境界，不管是乡愁，还是事业，我们努力强迫着自己去筑坝或是砌墙，但是生活却还是流向低处，太过于的堵塞反而是堤坝崩溃。其实生活的本质并不是逆水行舟不进则退，而是顺势而为地享受人生。事情总是相

对的，最低处并不代表最差，因为地球是圆的，而生活也是一个圆圈，所以还是对自己放纵一些可能更为合理，第一认怂，第二认错，第三认栽，第四不认真，何必对自己太认真。世间百物都是如此高低起伏，往返轮回，所以当你在困境时需要的是适度坚持，又要学会放弃，而在顺境时需要低调知足，准备承受随时而来的苦难。这个平衡并不难控制，只是需要多点淡定，所有的选择需要顺应事物发展，顺势而为。

十七　云之人生

三组云，分别是人生的三种状态，但都很壮观，拿来说一下感受。第一组云，遮阳蔽日，满眼看到的都是阴暗将至，乌云压顶，生活的苦难和病痛在左边，剩下的光明和希望则在右边。向左还是向右，纠结着，心里却已经发黑，不是没有希

望，而是没有办法。往往我们并不能主导生活，有颗纯净的心不难，但不为外界侵扰就很难了，所有的感受都会反映到情绪中，悲伤抑或是高兴，但如果真的不再有起伏波动，也就没有了仁慈和感动存在，生活就失去了色彩。小市民的哀伤和忧愁本就该稍微多一点，只是因为站得还不够高，所以人生都会有这样的阴沉，偶尔的情绪或不顺遭遇总有失落，但这样的生活很真实。每到这个时候郁闷一会，再让自己冷静一下，眼前虽不乐观，但生活还要继续。因为我们还年轻，至少还不老，所以看不透也是对的。看看乌云，撇撇嘴，收拾一下心情，告诫自己现在不是为了生，而是为了将来体面的死，所以要坚持走下去。

第二组云，希望的云彩，当云彩不能再次遮住希望，希望就会从每个缝隙中绽放出来，这是希望的天空，是第二阶段的人生，可以有希望，可以让我们感动，可以让我们感恩。最近接触到两个人，一个是修车的师傅，每天风餐露宿一个月挣2000元，还要养老婆，孩子也要上学，之前总觉他很乐观，

其实也有无奈和渴望，听到他说他的第二个孩子要出生了，言语中充满着幸福感，觉得他是累并快乐着，痛苦只是让我们可以存有希望，可以感受到爱；第二个是理发的大姐，她和她老公最大的愿望就是还完房贷，之后就可以想吃什么就吃什么，也可以自由地活着，虽然她辛苦到连个微信都没时间使用，但还是可以感受到她心里的那种希望。人生总是在卑微中努力，唯有希望是支持他们前行的动力！一个在乎自己的人，别人往往不在乎他；一个不在乎自己的人，别人往往很在乎他。看着家里的这些栋梁，背后的家人就是在乎的力量。心存感激，才可轻松；播种希望，才可以收获爱。于是，我也完成了一件一直很挂念的事，每天下班的路上总能看到一个拾荒的老者，夏天赤身，冬天破棉衣，骑着三轮，一下一下，很慢很慢。我一直想给他点钱，寒风中希望能给点关心，但一直找不到合适的机会和理由。某个加班的夜晚，黑暗中终于突然面对面，不再觉得尴尬，给了他100元，心中释然。黑暗中做了一件充满光明的事情，我不是爱的创造者，只是把地下通道别人给我的怜悯之心进行转交，但这是一种给予我自己的希望，透过这层云雾，射下来的光线不多，让我感到温暖即可。

第三组云，当一览众山小，风景别样，才觉世界的宽度和广度。站在富士山的山顶，观望下面的云层，堆起的是云，也是经历。经历了太多的过往才明白，跨过这门槛，未来豁然开朗，生活原来是如此壮观。伤痛是让我们成长的必然之路，只是让我们体验不同的感受。让我们看过阴暗，经过苦痛；让我们怀有希望，不忘初衷，才可以看到人生的伟大，平凡中的了不起。没有经历就不会有收获，生命中的不满和失意总是存

在，病痛和难过也如狂风暴雨，时常光顾。写到这里，窗外正是如此，2016 年 7 月 20 日，北京暴雨，由于焦虑症还是存在，对于任何外界的波动和影响，心里的恐惧都会放大，这暴雨也是。活了 38 年，会对暴雨心存畏忌，这也算是第一次。但还是容易理解，心里没有任何勇气的状态大约就是如此，认同这种恐惧，相信在几年之内也还是会一直存在，尽量选择让自己放下，尽量轻松，有些道理可以明白，但做到确实还是难得，确实需要时间弥合，需要合适的机会释放。选择坚强，但承认自己不够勇敢；选择承受，更多的是给自己安慰；选择前行，是相信这些云起云涌的状态可以预见。拨云见日，只是明天而已，此时需要承受这猛烈的风雨，接受内心的风雨飘摇。

第七章 关于瞬间

单独列举一章来说明瞬间，是因为相对于永恒而言，瞬间总是太快，而我们平凡的眼睛却难以观察。生命很漫长，我们可以记忆的东西其实并不多。生活是瞬间的累积，每一个瞬间其实蕴含了生命的真相，故作评述。

一 晕倒的感觉

我不曾晕倒，但也有过难受头晕，自己并不在在意，还是坚持在看股票，被庄家机构看着底牌去痛打，还以为自己的心态不好，其实不关注就是最好的策略；还在坚持写作，其实自己也清楚写出来的这些东西，难登大雅，不如就把它当作日记，写过就已是一种反省，何必纠结出版；也还去尝试处理家长里短，不了解有些矛盾从诞生的那一天起就本该存在，不是消除，只是需要安慰。直至天旋地转，回头看看所有的血压高，并不偶然，居然都是琐事。不解我的世界，为何不能放

下自己小小的欲望，或是所谓的梦想。心胸狭隘的世界，太过扭曲，不能真正释然。晕倒前的世界，是否就是如此，一半绿色，一半灰色，但却各自侵入，变形，形成一条条弧线，将世界拉长，变成了另外一种样子。三维空间的突变，只是瞬间，却是缓慢的扭曲，等着镜头的滑动，快门无意中的按下，终于触到了拉长的感觉，然后慢慢倾覆，摔倒，直到变成黑暗，或再次清醒，或永远离别。我们眼中的世界都是三维，但瞬间则是三维空间被拉成了四维的样子，并不是一个空间，也不能藏身，只是在这时间片段里，快和慢都变相对，快速移动下的静止，可留下的是那时的所想所触，那是一种情绪，定格了一种痛，痛恨自己无法释然的后悔与痛苦，留下那些不能改变的现实。已然逝去的健康，无法分辨的清晰，渴望让痛苦和狭隘冻结于这一瞬间，不再跟随。

二 活着

不是针对多年前的一部电影，但当下活着说起来也确实不容易，在这个安定和平的状态下尚且如此，不要再说那些战乱炮火纷飞、流离失所地活着，需要的是坚韧态度，而不是简单的坚强。最佩服这些生存能力极强的野草，与温室内的鲜花构成了鲜明的对比，这就是生命力的最好体现。活着其实不仅是一种状态，也是一种生活态度，要有随遇而安的态度，要有无所畏惧的态度，要有厚脸皮放得下的态度，这些水泥夹缝生长的小草就是最好诠释。生活亦是如此，卑微中的伟大，生命的奇迹从不在于装备和出生，只是在于求生的欲望，在压力之下

存活的总是强者，生活决不会强调良善之人必然成功，因为生活并无对错与好坏，只有活着与残酷。成功者，不仅是因为这些强者能力强大，更重要的是这些人随遇而安的生活态度，对抗压力时显示出的无谓，而并不是无畏。害怕人人都有，但害怕确实无用，所以无所谓可能更好一些。这时候没有太多欲望的人可能活得会更好，因为想法太大，要求太多，需要一个宽敞的床，一个明亮的窗，一切都要安排妥当，生活哪里会如此关照，磨难早就吞没了你，难于生存。人生之路，最大的魅力就是未知。不要轻易给自己定目标，因为多数的目标既存有必然性，也有偶然性，实现不了的因素太多。如果没有实现，不要怨天尤人，开心告诉自己尝试过了，作为一种经历，那样不也挺好，何必为难自己呢。

三 死亡

　　一个永恒的话题，但却是我们避之不及的结果。当身边的朋友才在青年却突然离你而去，就会很难接受。我朋友不多，但已然发生过多次，生命太脆弱，总是戛然而止。如一个哥们被一纸癌症诊断书瞬间击倒，虽然后来被告知是误读，但还是让他好几年不能振奋。不管最终结局如何，死亡可能离我们很远，但是关于死亡的恐惧却很近，如何去和恐惧做朋友是门学问，坦然面对死亡和放下种种欲望是生命本色。死亡，虽然每个人都不想触及，但又挥之不去，活着和死去，一个立体一个平面，两种表达。于命运而言，我们无法选择，于自己而言我们可以选择优雅。深秋之后，万物萧瑟，只剩倔强的一片叶子

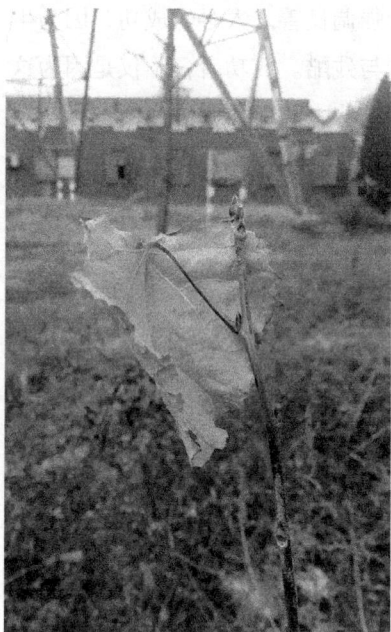

孤零坚持，这就是生命最后的样子，枯萎但不想放手，任凭风雨侵袭，紧紧抓着枝干，还想存活。时间上有春夏秋冬，人有幼青中老，对于规律不可违抗，生命可以控制，尽量珍惜身体健康，除此之外，就是尽量让自己无用，无为而作，不要被天妒英才了。虽然是玩笑，但无作为也好无用也好，其实还是一种工作与生活态度，即并不在意人世起伏。生命仅从时间上来说已经足够的漫长，其实并不要着急前进，多留点时间去浪费，并非毫无道理。活着毕竟是个力气活，要想走得远不外乎有个好心态，加上边走边停的生活节奏。其实对于我们这些凡夫俗子而言，生命只是一个长短的比较，别说我也苟且，没有了生命，就剩下死亡。

四 蜕变

人性之美是可以发生蜕变，这是一种看不见的变化。变化意味着前进，前进意味着奋不顾身地走向成熟，然后死亡。在每一个不同的阶段，让我们了解每一个不熟悉的自我，于是便有了蜕变。如这照片中的纺织娘，留下一个躯壳，对昆虫而言或只是身体的蜕变，对人类而言则是灵魂的重新解构。小时候的顽固不化，长大后会有了洗心革面；年轻时候的坚持努力，中年后会看得淡且易放下；中年的些许遗憾与落寞，到了老年发现却是可以擦擦明亮的宝物。人生就是如此，不断在了解中长大，不断在疑惑中前行，不断在失去中老去，这个过程总是被我们一遍遍重演。小时候学过最简单的寓言是猴子掰玉米的故事，总是掰一个丢一个，到头来什么也没有得到，两手空空。生活也是如此无趣，演绎着人性的弱点。生命每个阶段都在发现着些许新鲜的东西，重新认识的结果就是放弃了曾经的坚持，我们就是如此慢慢到老了，才发现儿时的快乐和天真是最真实的，也最为根本。一生的追寻，最美的只不过就在起

点，那穷尽一生的努力我们到底为了什么？说起来难于解释。蜕变的结果只不过是心一直在变老，而从没有再年轻过，这与身体的变老不同，心智的年轻就在我们最小的时候，之后我们所有填充的东西，都是那些让我们有可能不快乐的情绪和不需要的欲望，到了最后，好与不好其实并没有意义。多保留一些天真与烂漫，让灵魂不要过早的蜕变，其实真的可以让自己多些快乐，少些哀愁。

五　迷雾中的春节

又是一年，改变只是增长了一岁，总算还在前行。春节的烟花，转瞬即逝，烟雾在空气中被镜头凝结，让我有机会去把握烟雾的样子，似乎并没有什么规则，但仔细看，却是有线条的，虽然没有样子，却可以随风起舞。线条会卷曲逐渐拉长，慢慢散去，其实只是变得更长更细，直到飘散成我们看不到的粒子，重回大地。人的灵魂也似如此，假如有，那就附在我们的身体上，从诞生直到飘散，如同卷曲状围绕在我们身边，如果外围的风太大，这些风如各种情绪——快乐、难过、伤心等，我们的灵魂也就受到波动，会被吹动。好在一般的风都不算大，我们还可以承受，内心的力量还可以吸附他们在自己身上，除此以外，人生中一阵接一阵的困苦打击，或是重大的打击，都可以让精神波动到分离，那就是精神分裂。其实精神病与神经病是完全不同的两类疾病。神经病，是指神经系统的组织发生病变或机能发生障碍，而精神病则是指人的精神失常，源自大脑的被动刺激。但两者却是紧密相关的，精神病常伴随

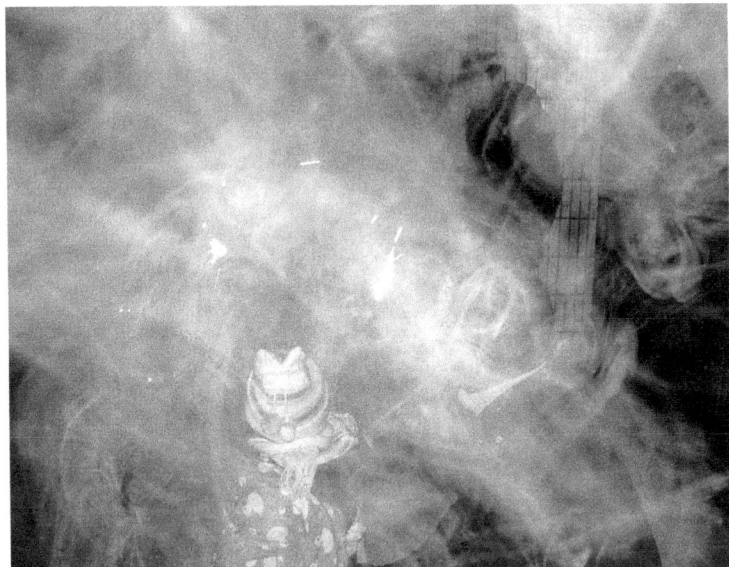

着神经系统的紊乱，神经系统的紊乱又多是精神疾病的前兆。精神与身体的契合并非没有间隙，更像是弓与弦的关系，基因不同，强大与脆弱的精神也因人而异。除了后天的历练，时常滋润神经系统对于精神的控制同样十分有益。维生素 B 族有营养神经的科学说法，肉类蛋白质富含维生素 B 族，所以吃肉的动物多富有勇气和胆量。终究灵魂还是要散去，不一定是精神的异常，生命的正常结束也可以，灵魂或是精神可看作烟雾，无风则会保持平衡，大脑所承受的压力太大，发生失衡便会出现精神问题。对于外界精神扰动适应则说明着脑平衡的重要性，情绪是调节平衡的一部分，它的缺失将会是生命结束的预兆，我曾认识的几个精神病患者都是年轻时过世，所以精神也好，灵魂也好，确实有好有坏，但都来源于自我的平衡，精神痛苦源自迷失，精神痛苦的间隙即短暂的平淡反而变为了愉快，我们需要让间隙变大。

六 灵魂与身体的关系

如同影子与实体的关联，与照片中的柳枝与倒影一样，虚幻并不易分清楚，但确实一个真实，一个虚构，并存于一体。有个广告叫作脉动回来，说得有一定道理，喝瓶脉动，脉动回来，不了解效果，但是广告的创意还是很不错的。人的精神有时候会脱离身体，会低迷或是恍惚，这是种科学，不是迷信。当人遭受惊吓或是受到刺激所会产生的强烈反应，出现短时或是长期的精神问题，可以将它视为我所说的精神脱离身体。当精神长期处于压力的状态之下，先是会导致亚健康的情况，再不加以改善，患焦虑症、抑郁症的可能性则会增大。焦虑表现为极度恐惧并且怕死，抑郁则更为可怕，表现为对任何事情没有乐趣，但都是长期极端心理状态的结果。焦虑和抑郁之间是会发生转化的，虽然在两端，但却是一个虫洞，特点条件下，如反复尝试均不能达成梦想，或梦想夭折等，可以直接穿越。显然抑郁又比焦虑的危害更大，所以焦虑失去控制是可能发展为抑郁的，如同前期的强迫症发展到焦虑症一样，焦虑是身体对精神系统的一种自动保护，如选择无视，或是缺乏觉悟，都会继续恶化，自动保护逐步破坏，直至失灵，则就变成了抑郁。精神长期受到逼迫压制，努力去完成它已经难以承受的工作，自然它也想辞职。如果它有选择了离去的倾向，那你的精神就出现问题，所以善待身体的时候，也要善待灵魂，仔细想

想只有这两样东西，可以陪伴你一生。他们之间又是相互映衬的，身体疲惫之下，灵魂也会投影出倦怠，而解决精神问题首先要放松身体，如久坐的朋友，需要放松整个腿部，让他们坐着时不紧张不紧绷，而用电脑和手机的朋友，则更要劳逸结合，尽量减少一个动作持续的时间，放松身体之后，精神才会渐进式随之放松，与倒影一致。但作为倒影，毕竟是虚幻的，只是实体的反映，这就是精神与身体的不同之处。一个小石子就会泛起波澜，但真实的身体其实并没有发生变化，这就是焦虑患者通常会觉得身体病痛，而并无实病。这个确实难以避免，毕竟湖面不能由柳枝控制，也好理解了焦虑的躯体反应，其实就是水中的倒影，第一这是虚幻的，第二水面总是要趋于平静，知道这两点，其实心结也就化解一半。

七　流水的瞬间

这看似不是一种生活状态，其实不然，生命苦短，虽然寥寥几十寒暑，但谁也记不起来去年今天吃的是什么，所以一生中构成的部分，并非成段或是无限直线，我们最后留存的其实都是片段，说得再绝对一点其实都是瞬间。如这流水般，如果不是相机，这一瞬间无人知晓，因为可能并不够美。纪录多有偶然的因素，但是生命中可以留下的瞬间，却并非偶然，被精神相机精挑细选，足可以感动自己，有伤、有痛、有高兴、有雀跃的影像。精神层次对于痛苦的记忆总是自然敏感，而对于快乐的感觉总是越遥远越觉得真实，遥远是因为成年后的快乐其实并不多，这也是精神的一种自然状态。如果有的读者不认

可，也并为怪，可能是太忙还没有时间去考虑，也可能现在还较为麻木不够明了，但生命的成长却是每个人必需的。当我们终于可以静下来回忆一下过去，就会发现精神所记忆的那些痛太多，精神其实过得很累，收藏了所有的恐惧、痛苦、伤痕，而且是被动地接受，所以从某种角度来说，开朗的人往往会长寿一些，相对而言开朗的人对身体和精神更为仁慈，能够放下的牵挂也更多，所以适时的清理片段是一个好习惯，释放一下内心，有些苦难故事已经过去，已经不再重要，就忘记吧，留着确实太过沉重。

八　雨水敲打我的心

这不是"爱疯"的屏保，只是迎着雨水的列车剩下的痕迹。虽然无序和简单，而我却留下它的瞬间，因为时光转瞬即

逝，而我们能够做的就是留下这些痕迹，让痕迹记录我们的思考。只因记忆的时间太短，有了照片的配合，才可以让它在适时的时候被影像唤醒，觉察那些片段中藏匿的瞬间感受。如这照片，似乎又听到了雨声，高铁窗前的我看着雨水滑落，渐入沉思，并不想随波逐流，无奈人在江湖，既要养家又要实现自我。一边是男人的虚荣，推动自己前进；一边是自己的软弱，受挫之后只能选择顺势卧倒。但是，我也利用了这些时间来完成几件心愿之事，譬如音乐，譬如文字，只是由于多年积累的坏习惯，晚睡、劳累、费心，电脑和手机的使用频繁，颈椎压迫神经的状况也日益严重，却又被公司体制锁闭在这个空间中，不光是空气的压抑，也是精神的郁闷。思维定格于这一个瞬间，不是泪，却是低潮，像雨水，似心泣。生命如果只是给别人看，确实只是一件人皮外套，不能有任何可以改变的勇气，这样的状态是我后来在北京最明显的写照。麻木来自手脚，却不仅是手脚，心灵更早的开始麻木，这是一种病，努力控制自己不倒下，但又不可以改变，只能顺其自然。改变感觉就在前方，抑或选择的是死亡，但却无力，因为只是岔路。

九　螳螂的伪装

伪装是生活中必需的本事，倒不是说有多么势力，只是伪装是存活的一种技巧。如果不想让自己伤得遍体鳞伤，有两种处理方法：一种是内心无物，就是看淡一切；还有一种就是要善于伪装。尽量避免自己受伤，因为无论从心理层面还是生理

层面，伤心都不是一件好事，而看淡一切绝非是普通人可以做到，那么伪装则变得很重要了。节奏飞快的都市，拒绝着我们的单纯生活，不是伤不起，只是如果你的坦诚一再受伤，总会有一天没有空间可以让你退让，无伤可伤，那是内心对于良知的绝望，并不好。其实世界再过险恶，也是真诚善良居多，只是你的坦诚不可轻易外露。我们小心翼翼地活着只是为了坚持，并不代表放弃并拒绝良善，因为善良也是一种信仰，遗失一样痛苦，而且最为重要的是面具戴得太久，就摘不下来了，所以伪装只是让我们不被伤害，隐藏的是脆弱及善良，需要学会世俗原则，适用于各式场合。办公室内，选择职业精神，放下自己的行事风格，是工作中的伪装，保护了自己，也保护了别人；家庭中，选择家规家法，教育了孩子，也是父母的挚爱，是生活中的伪装；爱情中，总是留点秘密，多点神秘感，感情的源泉才不会枯竭，是情感中的伪装；友情中，多留点言语的空间，是对朋友的负责。伪装并非是一种不可上台面的虚伪，这是生活的一种磨砺和体验，也是距离控制在现实生活中的一种应用。

十　偏执

偏执是一种性格，在照片中的所在国——日本，尤为严重。老子在《道德经》中多次提及，要放下执念，这是精神层次上极为重要的一个因素，是强迫与焦虑情绪主要涉及的一个问题。执念太深，自我要求太高，对于目标的完成太过在意，也可以说是事业心太重。焦虑与之对应的是抑郁，二者正好相反，焦虑之人总是太过渴望，热爱生命，所以极为怕死；抑郁之人则是没有生活乐趣，于事无念，所以有自杀倾向。从精神而言，只要不是精神崩溃，正常人的精神都会游离在焦虑与抑郁之间，最中间的人可以被认为是绝对的情绪稳定，但对多数人而言，总会或多或少的有所倾向，但都还在整个精神维度之中，并不会太过于偏激，也并非算真正意义的病症。所谓物极必反，两级的精神在一个极点之后均会朝向另外一个方向发展，这个时候加以引导和控制，是最佳的控制时段，也是合理的介入点。这些内容后文会有介绍，但两种极端精神状态却均与偏执有一定的关联，所以必须要放下，这是需要心理暗示进行反复加强的。任何人对于渴望事物的追寻，都是因欲望的存在而不易放下，所以要放下执念，并不容易做到。我也很难做到，但推荐两种办法：一是不勉强去尝试，觉得有困难选择迂回放弃，寻找自己心里合适的承受位置，到有想法时随心所欲，迅速决定，按第一感觉行动即可，快刀斩乱麻，来个速败也无妨，但都是突破心理结点的一些尝试；二是既然执念无法去除，那就加强执念，是一种反向的引导，对于一个游戏最好的戒除办法就是将其玩腻，给予自己更多的固执，直到自己也觉得累，精神有了反感，自然执念会解除。反复与潜意识做斗争的结果，是屡战屡败，并不可取。引导潜意识，最佳的办法不外乎是顺其自然和激发潜能，但含义其实都是一样的，需要一种更加强大的内生力量出现，第一种办法中对潜意识不断地正向加强诱导，形成好习惯，好习惯是缓慢拽回潜意识的诱导手段，而第二种办法的逆习惯则是反向诱导，所谓坏过了就是好，让自己内心去觉悟，寻找尚未开发的强大内心。

十一　欣赏光线

照片摄于北京南站，那时候还没有焦虑，满眼都是希望。每天一样的行走，心情却会差别很大。古人云，不以物喜，不以己悲，但实际上能够做到的人并不多，反倒是能有心情去感受周边的环境，说明情绪的健康和活跃。这并不辛苦，适时的利用好天气来营造好心情是治愈的手段，其实不开心都是自找的，而开心其实也可以自己去找。每天总有各样的不开心困扰我们，如果可以学会欣赏，会发现每天的开心事并不少。每一天都可以坐着别人还没有坐过的高铁看风景，何尝不是一种幸

福；可以欣赏光线下的格栅条纹，何尝不是一种自然艺术；每一天可以如此安静地看着人来人往，看世人的悲欢离合，何尝不是一种感动；每一天都可以从容的回家，对比地铁内的壮烈拼搏，这何尝不是一种享受。学会欣赏，学会抓住身边的每个感动，乐观的心态其实也就一点一点筑起。而不好的心态，自然也不是一天造就的，同样是自我阴影面积的堆叠。学会利用环境让自己积极向上，久而久之，自己也会慢慢有所变化。那天气不好的时候怎么办？换个思路，其实是另外一种感染。走在雨中，小雨则是一种浪漫气氛，可以让自己变得柔软，而大雨时也可以去浇透，偶尔为之并没有什么，也是一种释放。每一天都有可能是我们生命的最后一天，这是事实，如果可以想到这里，那这一天的意义就会大不一样了。其实每一天与最后一天并没有什么不同，不同的只是我们没有珍惜之前的平淡，最后一天都拿来后悔了。

十二　通往未来

　　不了解的前方或远或近，不了解的世界存于我们来不及反应的瞬间，我所知道的幸福，其实就是现在。也许每一天都是最后一天，生活是漫长的，每一个片段都可拆解为简短人生，需珍惜每一瞬间，有时候那就是一生的终点。痛苦总是陪伴我们一段时间，是一个过程，正好相反，成功却只能拥有一瞬间。实现梦想需要非凡的勇气，让疾风吹透胸膛，告诉自己值得就是了。先不说成功与否，选择本就是一种悲怆，所以如何享受这些痛苦的过程，才是人生真正需要考虑的事情。快乐太

过于短暂，或是一生都难以实现，也是更为严峻的挑战，能够享受每一个快乐瞬间很重要。强迫自己坚持，对于强迫症患者来说并不算难，但是要学会享受痛苦，学会放下则太难，能够把所有的痛苦过程都乐观对待其实更为重要，这门学问叫作善待自己。突然有了一种小小冲动，从此之后，想每次春节的敬酒，还是先敬自己一杯吧，自己辛苦了，我们还要一起上路，还要一起加油，有苦有累都承担了，更要善待自己。

十三　光影中的艺术

外面的昏黄不能掩盖这阳光洒下的造型，这里是图书馆，不了解这个建筑的设计者是谁，但是一直觉得还不错。一个建

筑真正动人的地方往往是藏起来的这些小秘密，而非那些突兀怪异的建筑外形，能够用细节打动人的才是好建筑。我孤陋地认为现在情况下难有建筑大师的深层次原因，是我们一直在模仿，却不能真正投入自己的感情和坚持去做一件建筑。学习虽然可以教出好学生，但却遗忘了个性。太多时候我们被告知不可越界，但岂不知道没有突破之前的条条框框，哪里来的创新？没有爱的建筑不会是有个性的建筑，没有心思的建筑不是属于有灵性的建筑，其他的事情也大约如此。看着儿子谁也不懂的潦草笔迹，我也不想再生气，无奈地告诉他，他这也是一门独门书法。每人的每个想法都会受到大众的指指点点，意见种种，告诉你不可以突破现有的规范。但是，如果你一意孤行，最后成功了，谁还去计较你曾经如何违规，你将成为新的标准，这就是生活工作中的胜者为王。所以想要成功，还是需要选择孤独，也要选择一意孤行，每人都独一无二，也有独一无二的生活轨迹，何必雷同。

十四　食物的瞬间

中国作为美食大国，所有的食物只有想不出，没有做不到。这样的一款哈密瓜，却被制作得如此妖娆，似乎国人的创造力更多用在了美食，不过平心而论确实美，干冰的气化让这个水果的制作多了现代化的概念。小时候我就好奇于早早发明了火药的中国，在后来的几个世纪中为何被动挨打？我们的火药为啥一定要做成烟花，为啥就不是枪炮呢？这美食的道理大约也是一样，可以利用聪明才智去发明美食，却难以用更

多的心思去做科研。我曾经一直好奇博士论文位居全球第一的
国度，为什么能够拿出来手的科研成果却极少？而可以拿来变
为生产力的就更为稀少。做了多年技术之后，终于觉得要进行
另外一个选择了，放弃专业。曾经如此热爱，最后却坚决放
弃，只不过是因为我做得太累。越来越多的限制，越来越多的
规范，越来越多的评审者，我最早入行因为自认设计师是一个
属于创造的职业，是可以发挥自己想象力的职业，是一个可
以实现自己梦想的职业。在走过了 18 年之后，我有点心灰意
冷，你抱着一个梦想家的想法而来。但其实人家只需要流水线
工人，持续地加班，工作强度大，在逝水流年的青春中残喘度
过。除了生存，失去了健康，遗忘了梦想，我也很习惯地选择
了顺从，直到有一天发现自己不再年轻，压力的鞭子抽在我的
身上，我却如同一个死人般，爬不起来了。

十五 一阵冰冷的水浇在我的身上

我又清醒了，我还活着。雨水花回落的瞬间，滴答却不成流。这个并不多雨的夏天，却又暴雨一场，暴雨过后，剩下的能量就只剩此了。病痛如这流水让我恢复少许清醒，但是记忆力却在衰退。这些年过来，扮演的只是一个角色，最早是父母设定好的，后来是社会设定好的，留下来的故事中，感觉自己更像是一个过客。由于记忆在弱化，每一片段像是胶片，干脆还是尘封了，以后再拿出来看看。青年时回忆一下峥嵘岁月，中年时偷偷地抹眼泪，但也不算后悔，老年后淡淡一笑，可能觉得都是必然，不枉此生。习惯了被人驱赶，累了，倦了，是

不是可以重新再来一次，是不是已经学会选择重新开始。虽然未来依然不可控，但做一个自由人的愿望却更加强烈，不曾丢弃。一直以为自己的内心已经灰暗，其实只是胶片上落满尘土而已，能量并没有消失。选择一种适合的方式去感染别人，也许是文字，也许是音乐，或许是傻傻的微笑，但总还是觉得对得起自己的生命，虽然渺小，但依然渴望。

十六　要学会淡定

世界之大，熙熙皆为利来，攘攘皆为利往，嘈杂而混乱，真正安静的地方并不在异国他乡的美景，也不是豪华安逸的别墅，而是可以让自己心平气和的内心。有句广告词是"心有多大，世界就有多大"，这话说得挺好，可以对应的另外一句则是心有多平静，寿命就有多长久。这并非玩笑，所有的长寿之人各自都有独到的养生秘诀，但是相同的则是乐观的心态，平静的生活。外界对你的影响，无论痛苦或是快乐，大喜或是大悲，对于内心其实都有一定的伤害。大悲伤心，大

喜费心，用进废退在这里不成立，都是永久伤害，但无不是影响一时，如这平静水面泛起的波纹，终归回到平静。

十七　光晕

一轮旭日，映衬在高铁的车窗上，温暖而感动，关于美好似乎说得很少，可能是因为我已经老了，或是在一个地方呆得有些疲倦。阳光所折射的地方，无论于太阳系还是这个车窗，都真实地反映着自然的规律。所有的痕迹都是围绕太阳，虽为同心圆，但各有各的轨道，这就是自然规律。痕迹被刻画的时间和过程都不同，本该是混乱无规则，但折射在阳光下，却是一个个的圆形轨道，这并非偶然，而是自然界的内在必然。与上一小节的禁止相似，道理相仿，只是这里更多说的是该所为，而禁止则是不该所为，我们本来的足迹在出生的那一刻可

以说都已经注定。有性格所致，有家境原因，有环境不同，也有文化差异，所以不用太在意一个人的成就为什么会是如此伟大，而更多的人会如此平凡。相对这一圈一圈的印迹而言，是因为我们的轨道不同，每个人会占据一个轨道，大家分享这所有的轨迹或是划痕，所示更多，构成社会，却不会冲突。没有光线之下，大家都会是杂乱无章的奋斗和努力，只有放在阳光之下，你的心被照亮的时候，才会发现原来一切的偶然都是必然。所以，顺其自然，不勉强自己，不违背自然，因为生命总会给你一个出口。

十八　看不透的四维空间

流光飞影之中，结束这一章节，生命其实很长，也或可以永生，站在第四个时间的维度上，才发现自己的眼拙，并不能

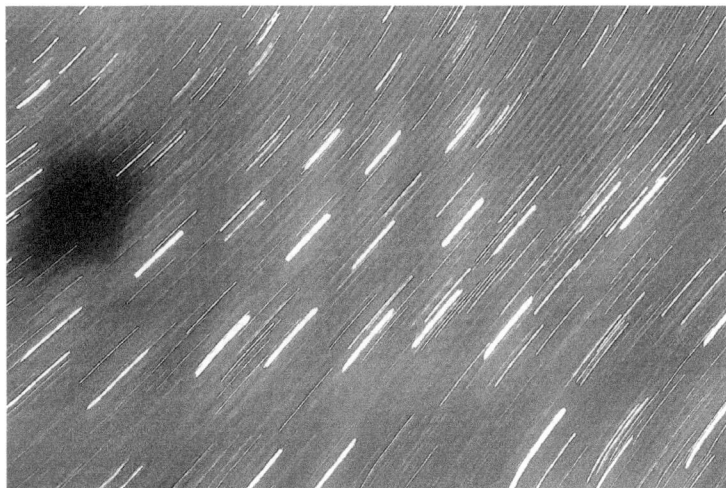

把握和放慢时间的流淌，都是瞬间，却是生活截取的一个片段。留下的样子，不自觉的细处表达，像是大自然的巧夺天工，却是时光流过的痕迹。人生也是一样，其实已是全面，瞬间已能看到全部的轨迹，只是还不能看透那背后的驱动力。生活的瞬息万变，光彩斑斓，我们能观察到平面、立面、剖面，但不能看到生命被牵引的时间面。既然尝试过追赶时间无果，不如让自己变慢，轻轻擦拭被尘土蒙蔽的心，慢慢领悟自己的内心，了解自己和改变自己是一生中的必修课，但这真的很难。让自己顺流而下，却自己不了解的远方。再见过去，前方虽然更为艰难，却没有办法退缩，冒险总是伴随着整个生活，我无法逃避。

自然是一种神秘的力量，存在于我们的周围，我们却无法看透。各样的自然奇观，看似偶然，却总是充满寓意，一边行走于其中，一边遗落着回忆。当我们用一颗已经绝望的心再次回头审视这自然界的伟大，却发现一些不曾关注的细节早已告诉了结果，而这一切竟然是必然。

一　天空的云彩

这云彩像极了海浪，一浪接过一浪。天空因为有太阳，所以变成了蓝色，而我们的生活中如果没有了太阳，也就没有了色彩，所有的愿望也都变成了黑暗，所以人有追求是应该的。梦想是我们生命中的太阳，追求梦想指引我们持续向前。我一度安逸无事，让我不再忙碌，生活失去了运转，然后就变成了一潭死水。人的一生就要不停运转，无论是海水的一浪一浪，还是太阳的朝发夕落，都是那么规律。脱离轨道的生活，终究

是失去重力和牵引的飞逸，慌乱挣扎，诱惑幻觉，直到重新地稳定与平衡后，发现新的轨道视野更广，了解更多，这就是成长。好在一切痛苦都已经过去，了解了生命反复的必然，之后的焦虑也就并非庸人自扰了。我不会再在意，稍有了习惯，也渐渐适应，当我们的故事风轻云淡之后，已然忘记了疼痛。这些波澜不惊的蓝天，其实是多么的不容易，宁静之中酝酿着力量，是下一次的爆发。这是一个寻找答案的游戏，不管你慌张不慌张，生命的自愈力终究会让你冷静下来，能够密室逃脱。

二 再见我的园子

最后终于还是选择离开这个野生的花园，和这些没有自己名的小花小草，与自然共存的生活才是自然。再见了一个又一个的夏天，今年才懂收获只在夏天，渴望秋天的不是果实，其实秋天更多的是一种心情，与我之前所述的过程和成功的原因相仿。当你终于熟悉夏天的时候，其实夏天已经过完了大半。才熟悉却又要离开，生活如同这季节，我们这些北漂才刚刚习惯一个公司，却因各样的原因的让我们不得不松手，再去寻找下一个位置。这里也是如此，我是那个永远难于进入体系内的人，最后选择了自由，其实也是一样的无奈。在北京这样的大城市漂泊这么久之后，走过大设计院，走过小黑作坊，走过假洋鬼子的事务所，终究看不到一丝进入体系内的希望，年龄却已经走过了大半，不惑之前剩下的光阴，只够我去草草做一个撤退的决定。光线下，小草感觉到了秋天的味道，尽量绽放着最后的美丽，去努力生育着明年的希望。我们要活得更加明白，生命只有一次。年轻时还有岁月这张支票可以垫付，当我们已经需要拿健康来偿还的时候，才觉得这笔买卖其实并不划

算。只是我们一直在自我欺骗，其实吧，贷款总是要还的，躲得了今天躲不了明天，现在到了偿还的时候。我给了命运我的健康，未来的路却还要走，拿什么继续垫付，也许是快乐，也许是剩余的健康，都不舍，难道还可以一搏？一年又过，收获的到底是什么？

三　已成过往

虽然那园子已经不在了，但对卑微的花，寂寥的景，总还是会想起，也会有人钟情。生命更多时候是需要耐心等待，等待属于你的蝴蝶飘来，光顾花朵之后，便是结束，继续等待下一次的来临。人活着的意义为何，其实只是为了等待。"等待

戈多"其实没有任何等待的事情，等待本身就是一个过程。活着的意义又是什么，其实就是为了等待死去。我们获得的是一个生命历程，获得其中的意义，与那些参与的存在感，我们经历了其中的喜怒哀乐。人类的好奇心推动了世界的前进，而非一个具体的目的，所以看清楚这个意义所在，就不用着急去拼搏玩命。生活需要更多的淡定和从容，这话似乎说着容易，做着很难，那就换个话说，生活需要的是放慢节奏放松精神，如果说这个做起来也会有难度，那就最好把生命作为一段旅程，不要去想目的地在哪里，要做的只是欣赏这窗外的风景。心态不光决定了成败，其实更让自己处于平衡之中，了解社会的生存之道。失衡的世界会战争，失衡的自己会焦虑，失衡的市场会崩溃。

四　乌云的养成

白云到乌云是一个度的变化，是一个积累的过程。成功也好，失败也好，身体健康也好，精神崩溃也好，无一不例外的是相同的道理，量变到质变主导了成功也制造了失败。生活从来不相信眼泪，也无视你我的欢笑，儿时学过的塞翁失马说得多么正确。所有的快乐和伤心总是交替出现，而绝非一成不变，因为世界其实并不偶然，一切都是必然的结果。因为有了原因才有了这样的结果，有了新的结果，就有新的原因，如此循环往复。当我们觉得所有的偶然并无关联的时候，才会发现，所有的偶然是那么有规律。每一个陌生人的出现，是因为经常相同的轨迹所致；每一个陌生人之后变得熟知，是因为与

你可以聊得来；每一个不经意的路过，是因为你职业的路径；一个想法的出现，是因为儿时教育的结果；每一段看似并不重要的旅程，也是随着心的方向，都是你必然会如此决定的一个缩影，或是你命运的一块拼图。当你看到了结果，才发现每个偶然其实只是拼图的一小部分而已，却是不能或缺的部分，而这个结果只是更大拼图中的一部分。所有的微小组成了我们可以看到的世界，而我们看到的世界又是宇宙万物中的一部分，我们尚不能透彻了解。我依然不相信迷信，也不想轻易向命运低头，只是我不得不知道，活着顺其自然的必要。对自己仁慈，生命会有回报；对社会仁慈，社会也会宽容你；对家庭仁慈，子女才会效仿你。感恩于生活，生活才会给你快乐。

五　这个不冷的冬天

霜降后的枯叶，散碎在每个角落，像一颗镀了霜的心，而我的心也是如此，寒冷中却还是坚持着熬过这所有的生命历程。虽然知道新陈代谢、生老病死在所难免，即便装着自己并不怕死，但是过程还要去承受。我们如同一片叶子，不在乎未来有多远，深秋过完，霜降之后，最后的那点绿色便会完全褪去，完成整个生命过程。但依然只是觉得人生苦短，太多事来不及做，能做的却是珍惜当下，收藏现在，不枉曾经，感谢过往。感动生命的奇迹，感谢这些寒霜，让我经历过最寒冷的冬，让我知道我可以承受，让我知道生命也就那么回事，熬熬也就过来了。与其悲哀地看着世界哀愁，还不如去绽放最美

的生命，哪怕是冰霜，难道不也是一种美？人性的伟大，并不因为渺小而被人看轻，却因为坚持而感动每一个观众，绽放生命，直至结束。有人选择了畏缩，但我不会，即便离开也要给别人一种美，因为我了解情绪是一种可以感染的力量，如我们常说的"气场"，不好的气场影响的并不是你，而是你的家人和朋友。很多事情不好解释，如没有人居住的房子损毁速度会极快，这是居住者对于房子的影响，是一种气场的典型表现，所以不要小视这种看不到的"小宇宙"力量。我确实有过疲惫不堪之时，或是略有绝望，或是暴躁发怒，直到看到我对儿子产生的负面影响，内心极为震撼，才真正感到恐惧，并不是因为我，而是他。虽然我什么都不表现出来，但他却可以感知我的内心感受。震撼于这种气场的力量，也让我觉得为了他，我必须要坚强和乐观，不是外表的装作，而是要内心的强大。不良气场对他现在只是一种模仿，未来则是一种疾病，对孩子的爱于我而言就是更为强大的力量，让我不能倒下，必须重新站起来。

六 起飞

蒲公英起飞的方向，是风的方向。风是一种看不见却可以感知的气势，因为有了风，才让世界变得有了生命感，有了跃动，有了思考，有了顺势而为的感觉，有了逆风而行。利用风的各样感觉和体会，有了各式各样的科学和哲学。这是一张让我很感动的照片，虽然很普通，却依然震撼。对于世界的渺小，没有最小只有更小，在沉默的植物世界中，我不知道他们

该如何去表达想法，去表达爱，但他们却知道风可以邮寄母
爱，可以送孩子远行，就着风的方向，来表达自己的坚决和决
定。依然还是顺势放手，逆势的飞起，在合适的时候，如这个
即将过去的夏天，不早也不晚，生命的终结就是果实的诞生，
完成生命的交接；在合适的地方，如这并未肥沃的荒野，没有
天生的优势，只有后天的努力，一切似乎只是天意，但是努力
却是悄无声息地进行着。这是真正的叛逆，是不认输于命运的
决绝，即便渺小，即便丝毫没有任何办法去开口说话，去移动
半步，但是却不能阻止它的坚定，在风来的时候，随风而去。
虽然了解这生命的种子未来难有坦途，虽然多数不能存活，虽
然也是不舍，但是活着就是这样现实，符合自然的规律才是真

实的世界。残酷中的美，残酷中的淡定，残酷中的安静，残酷中的必然，这就是它追求的美丽和幸福。

七 云的百态

淡淡的云，没有定式，是淡淡的哀愁，淡淡的享受生活，淡淡的体验各种味道，收集着各样的淡淡感动，留存多少淡淡的遗憾，还会淡淡地看看前方，最后淡淡地去面对痛苦。虽然淡淡，却是自然界最原始和真实的力度，代表的是放下和平静；浓重阴沉的云，混沌的状态，更易让人悲伤且混乱；暴风雨前的紧张，来自大自然的压力，代表着力量和破坏，让人心存敬畏感。同样是云，数量和浓度不同，感受是大不一样，适时的换个角度去欣赏，很有必要。风轻云淡的时候，我们可以

缓缓地欣赏云朵，微风拂面，虽不能拒绝刺眼的光线，但我们接受的应该是轻柔和惬意；乌云遮盖的时候，虽然不再有了阳光，但也给予了那种压抑感，或是倾盆暴雨，或是台风侵过，我们应该接受阴凉和壮观。云境就是这样的一种自然环境，反复无常，但我们都会安然接受。人生亦如此，心情和天空一样，阴晴不定，有了多样的人生，才有了苦乐酸甜，生活味道即如此。波动证明着精神活着，苦乐证明着生命存在，享受着人生的不同状态，是一个人需要学习的一种基本技能。有爱好，但不拒绝别人；有自我，但不否定别人；有痛苦，但会自我释放。

八　风中婆娑的狗尾草

　　两种状态，夏天的午后，平静总是暂时的，唯不变的是随时准备着的变化，转瞬于深秋变为婆娑，样子依然，风度迥异。一个似年少时的希望，一种似年老时的看淡，却是自然界给我上的一堂无言的课。虽是消亡的结局，却让我们可以接受和理解每个人生阶段我们为什么和要什么。生活这个过程，

如同狗尾草的每个阶段一样，看起来不同，但却存有每个阶段独有的乐趣。不用介意我们年少时的青涩，那是生命力的表现，让我们有冲动有梦想，不为任何困难所退缩，错过对过，但都不曾辜负青春的期许，并无后悔而言。年老的我们虽然不再那么葱郁，但却是沧桑之后的淡定和坦然，放下果实之后的轻松和自信。随风起，哗哗哗，一种听不懂的自然语言，却是不曾关注的生命协奏。枯黄何尝不也是一种美丽，成熟中可以轻轻随风飘荡，枝叶也变得更加柔韧，即便是狂风也可以顺风摆动，但不为所惧，回到了自己该有的位置。沉默中的坚韧就是我们年老后的处事不惊，人生一世，草木一秋，短暂的美好，瞬间的凝固，变为照片，变做定格，停滞在这里。记录可为文字，可为声音，可为图片，留下平凡中的伟大。时间不同，感受不同，需要用多年后才能明白。美丽的景色可用开心、悲哀、沉默各式情绪来体会，其实我们并不曾失去那一切的美丽，一直都在经过，只是从没有认真端详。我们沉浸在纠结之中，太多的患得患失，那些快乐多数用来了回忆，其余的则都错过。我们越走遗憾越多，悲伤那就是必然，其实不快乐才真的是一种遗憾。

九　蜗牛的世界

简单而执着，没有存在的理由，却有着存在的必然。我们都是平凡的人，占据了世界的角角落落，却是不为人知的那一部分，寥寥众生，如同蜗牛一般，行走缓慢，距离梦想遥不可及，却因为同样的坚强和辛勤，让我们选择了同样的生活方式。其实蜗牛的要求很小，一片新鲜叶子即可，而我们这些平凡人的梦想也不大，一个温暖的小窝，一段稳定的婚姻，一份有兴趣的工作，都可以是一生坚持的信仰。蜗牛的天空，是一片并不大的空间，但却可以感知自己想要的一切，知道前行的目的，从不退缩，蜗牛的骄傲，用不多的梦想去证明着自

己的存在，一场风雨过后，赶在太阳之前，拼命向上，到达目的地，直到干涸。成功者寥寥无几，但却是无怨无悔，生命有多简单，快乐就有多简单，想得太多，悲哀也就太多，想得越少，我们失去的也就越少。多数蜗牛的生命很短暂，一年之后他们踏入了死亡，但却可以自豪地说：曾经来过这个世界。什么是伟大，什么是平庸，其实并不需要别人的衡量，平凡人的存在就是自己的定义，生命的长短也不能以时间来进行衡量，有些时候瞬间就是永远。让我们停下飞奔的步伐，多一点思考，关于死亡，关于结束，关于拥有，关于梦想，如何顺从现实，接受恐惧。享受痛苦是个毕生的课题，早懂，早珍惜，早快乐，早知道生的意义。如太极一般的生活状态，才是自然的一部分。

十　孕育

冬天的天空，生命的色彩不明显，冬之色彩，蓝天荒芜，冷冻的心情，却是温暖的阳光；刺骨的寒风，却是孕育的鸟巢，反差总是很大，看你怎么欣赏。鸟巢是世界上最了不起的自然建筑，组合起来的枝条，设在高处，看似无章，也很脆弱，却可以禁得起风吹雨打，这也是我十分好奇之处。

生命的初始，脆弱却十分坚韧，如同我们所见的孩子，身体弱小，生命力却极为强大。为了生存，可以大声哭喊，可以蛮不讲理的去抢夺，也可以很简单的快乐。可以无视周围的危险环境，并不存任何恐惧，可以让自己没有压力，也可以让自己尽情释放，这就是生命刚出来的样子，充满着索取、希望、

快乐、自由，是生命最难得的特质，却不能留存。随着野蛮的消失，勇敢也渐渐消失，脆弱随着我们的生长而发展，渐渐渗透和腐蚀我们的内心。太多的教育告诉你需要有所取舍，有所取舍是一个通用标准，取舍的内容却不能适用所有的性格，这就会有很多本不属于自己的欲望。无关生存的欲望太多则让心情的压力增大，两只手永远抓不住所有的星星，形成了一个恶性循环；有关快乐的追求却被规矩所扼杀，让我们变成一种预先设定的样子，并不匹配自己性格，直到麻木；生命总是被那些无聊的负担和在意所压迫，越来越虚弱，也越来越恐惧。我们的单纯和快乐，渐行渐远，如果可以恢复孩子一样的单纯，才是真正的年轻。心态老了就再也难回，我怀念童年，只是不能回去了，还是珍惜现在吧，不要在随波逐流，其实活得已经挺好。

十一　倒影

走过了这草草四十载，这是我所不了解的美丽家乡，浓浓乡愁，只是渐行渐远，不再是那个小时候的它，景色怎么会是摄于塞北？是我变老了，还是城变得年轻了。光影之下的树影难辨真假，充满假象，其实这并不天然，人工修葺的园，人为制造的景，挑战着我残存的记忆，在我离开消失之后，原来的样子也已经消失殆尽。爱与哀愁一样难辨真假，焦虑或是抑郁，更多的时候是一种假象。我们走在了自己精神和意识的镜子之中，最开始会肯定镜子里面的自己就是真实，但是反复碰壁之后会紧张，会有挫败，不了解哪一面才是真正通路。信心

的迷失往往是消灭自我的真正凶手，直至自己放弃，觉得不可能走得出去。其实假象都是有时间限度的，同样是一个适应与反适应的过程，当你慢慢了解你的对手，如病痛，那它对你的伤害其实就会逐渐减弱，并不是它被削弱，而是你已经有了一些准备和预案，所以不再那么慌张。虽然过程很漫长，但可以肯定的是打败你的并不是病痛，而是你自己，是自己的耐心不够，让信心迷失。当你绝望了之后，当你失去了快乐，你的恐惧变得更加不可自拔，如果生活至此，那也就没啥好说的了，但这时候自我觉悟总会恰到好处地出现。其实假象也是一种美，像这树，虽然树并不精彩，但是有了倒影的样子则更加迷人。所以需要保持乐观的心态来参加人生这场游戏，你会发现这并不是一道难于解答的数学题，只是保持安静，深呼吸，放松身体，紧张就会随之缓解，不觉中这种痛苦已经过去。态度很重要，假象很美丽，当人生来邀请你参与这场游戏的时候，不要害怕，这并不是每个人都可以遇到的机会，开心玩吧，每人答案不同，但绝大多数人都可以通关。

十二　希望

世界万物，有了萌芽，就有了希望，任何可以生长的绿色，都是生命的可能，这种可能是不可逆转的，一旦开始，就成了一种必然，这种必然，就是我们所说的生活或是命运。每人不同，但心存希望的生活总是美好的，自然是仁慈的，给予了我们所有生长的必需品，尤其是拥有了我们赖以呼吸的氧气，但是氧气同时又氧化着每一个生物，让一个生物有出生，有生长，有衰老和死去，给了我们一个过程，给予了一个结果。作为死去的回报，创造了生命的繁衍，让一切可以用另外一种方式轮回和继续。这就是我们为什么心存怜惜，于孩子，于嫩芽，于一切事物的开始，这是希望的力量。在经历这些苦痛之后，自然给予我的并不是答案，而是一种必然的力量，让我去尝试学会接受，斗争并非解决办法，因为那个对手其实就是另外一个自己，杀敌一千自损八百，消耗的其实是自身，不能简单固执地依赖一种方法，无论是心理或是药物，解铃还须系铃人，找到那个心结打开就是，这是所有病症的根结。当你可以如此淡定去享受自然的答案，已然是一切随风；当我们可以安静地离开这个世界之时，需要想想是一个新的生命开始的时候了。我们并不曾拥有什么，也不曾失去什么，却给予了我们一个完整的过程，让我们体验过快乐、痛苦、幸福、忧伤，

如那云，如那风，如那感觉真实而存在，虽然我们的身躯像是虚构并不再存在，但是感觉和精神却是如此真实和充满创造力，我觉得已经足够。

十三　绽放

属于年轻，属于青春，是自然界最奔放不羁的一个阶段。当我为了前半生的错误和执着而心有悔意的时候，却恰恰忘记了青春就是一个奔放而不畏惧伤痛的时间段。那为了绽放个性所蔑视命运的勇气，其实是与生俱来的天然属性，那种勇气并不是一种错误决定，而是生命中永远不可复制的刻骨铭心，不会再有，痛却处处在，直至最后的焦虑，那只是一个最高潮，是离开跳板一刻的紧张和躁动。如果可以提早看透，那我失去

的将是所有的冲动，哪里还会有动力。没有错过的人生不是好人生，没有拼搏过的年轻不是好年轻，所以仔细回想，其实今天的病痛和伤痛，从一开始其实就是一种必然，是年轻成长必须要付出的代价，是我们成长的必然经历。所有的欢笑痛苦，构成了青春的别样色彩，不能遗忘那含泪的绽放，虽然今天看来决定或许不对，但是，如果不这样决定又怎么会是我呢？当我们时过境迁，不能改变的已经不能改变，如果能够改变的，则是今天才有的认识，不要埋怨过去，而现实只是需要去改变现在，并不晚，恰到好处。跑不动时，不要埋怨膝盖被磨损坏了，那是你必须释放的激情和活力；为情所困，直至成伤的时候，也不要埋怨自己选择有错，那是你本该留下的爱情经验，其实都是美好，因为你就是那么坚定固执；觉得累了，无力再去争一个高低对错，也是正常，毕竟你已经多了一些释然和无谓。所有的心理问题并不能说明你的对错，只是告诉你，是该转轨的时候了。青春已过，你该跨入中年，就是这个时候。

十四　收获

一种体态，一种状态，都可以告诉我们南瓜已经成熟，成熟或是收获是我们要遇到的另一种人生状态，也是自然界告诉我们，需要理性看待人生的各个阶段，因为那些都是必然经历。有发芽就会有结果，有因有果，虽然我们什么也不曾得到，也无失去一说，但是却有了因果的一个关系，可以选择人生的游戏准则，可以随便选，但只许一次，结果也是固定的。你选择了南瓜的种子，结出的果实就不会是西瓜，简单的道理，只是多数人其实并不大懂。选择了繁华，失去的就是安静；选择了复杂，失去的就是简单；选择了挥霍现在，失去的就是未来健康；选择了执着，失去了随意放松；当然也有人选择了沉默，得到了未来的荣耀；选择当下的放弃，得到了未来的得到；选择了远方，那就是当下的策马疾奔。如果选择错了种子，是不是还可以悔改呢？确实有点难，但并非完全没有可能，人与动物最大的差距，就是人可以反省和成熟，可以学习，可以知错就改，人与人悟性上虽有区别，但仍然可以修整自己的方向。可以选择阅读，这是一种人生历练的总结，属于硬干粮；可以选择经受贫困，这是人性坚韧的重新历练。让你重新学会珍惜，也可以选择从军，这也是性格刚强的锻造所，让你不再软弱。因为有了可塑性，所以办法总还是有的。

十五　夏天水景

　　荷塘日色，阳光之下，所见的并非是满溢的日光，也看不见暴晒的样子，其实光线真的很好，从莲叶就可以见到焦灼，亮白刺眼，而水中却还是灰黑，看不到池底，依然深沉，只是因为池水的吸收与折射，这是承受，也是一种自然的现象。如果说生活痛苦的处理方式，只能是反击和承受这两种，那结果自然是不同的。反射就是一种反击，选择抗争是正统教育，那是要你坚强，但从不问你能不能坚强。抵抗的人生只能让自己灼热，让别人难受，如这莲叶，而承受的人生则是大为不同。如果不能改变生活，那确实应该是享受这暖暖的阳光，内心有容乃大，有了这些温度，才有这些莲荷，有了莲荷才有了

　　小鱼的休憩。生命不能总去疗伤，更多时候是我们一直选择了反抗，如果可以看淡一些，不那么固执，选择融入这个环境，虽然总还是有不爽的地方，但多看看可取之处，往好的方面去想，生活其实也就没有想象中那么糟了。如此有意思的过程，错过了这一段的痛苦，将来回味的开心之处也就错过，吸收化解，才是自然之道。昔日重来，何必恋故城，日落西山，炊烟袅袅；关于情趣，不懂就老土；关于水，有点浑；关于生命，慢慢消逝，却可以品尝，生活的百味从当下开始，不要再去徘徊和犹豫。

　　写着写着，进入了最后一章节，原本以为写这本书会把自己的病情加重，动笔之前是很纠结，结果呢？并没有；原本以为写这本书我的焦虑症会彻底消失，结果呢？也没有。曾经设定的两种结果都没有发生，该来的还在来，如这阵阵的恐惧和紧张，但还好，其实可以接受。虽然生活质量不能跟几年前比，但比之前的几月却已经大为好转，而且继续向好。我深深感恩生活的宽容，能让灵魂接受自我的安抚，让我可以坦然接受现状。生活如此流淌，虽有高潮低谷，但问题总会有办法解决。曾想用一本书的深度去解开人生的结，其实40岁的人生还是难于看透后半部的剧情，但求这本书可以帮助那些40岁之前的北漂一族。本书并不是一本关于治疗的医疗书；也不是一本人生哲理的心灵鸡汤；更不是一本自我经历的照片集。写法凌乱，内容自我，但求观者看完之后是一种轻松，茫茫人生路，有点贡献，也算不枉此生。

一　开始

　　儿时最常玩的一种游戏，我们那个地方的方言叫作弹蛋蛋，各个地方的叫法可能不同，但该是 40 这个年龄段都有过的游戏。小时候家里太穷，父母都是中学教师，家里除了过早夭折的大姐，还有三个孩子。虽然那是一个差距并不大的时代，我还是没有勇气去和别人真正地较量输赢，抱着自己仅有的几个蛋蛋（玻璃球），却只是展示品。时间过得很快，再拍这张照片的时候，已经是陪孩子玩耍了。接近 40 岁的时候，感触颇多，给孩子讲解关于这圈和玻璃球的关系，儿子还是十分费解。不解释清楚也好，其实它们只是属于我，与当下一点关联也没有。正是因为儿时的怯懦，才让这几个玻璃球可以一直保留到今天，珍惜的理由，居然源自拥有太少，拥有太

少物质的童年，却让我得以留存所有的快乐和幸福。虽然今天说起来如此不值得一提，幸福指数与拥有多少往往是成反比的关系，如今的孩子无法理解的快乐，是再也无法体验快乐。没有平板和手机的时代，没有高楼大厦的院子，没有车水马龙的道路，拥有着可以奔跑的年少，拥有可以打闹不那么脆弱的伙伴，拥有我们不曾忘记的美好。

二 祝福

看到贺卡，又到了新年，有点怀旧也有点失落，想买，却不知道曾经的朋友和曾经的地址！时间过得真快，儿时这些贺年卡隐藏了多少的小秘密，收到过那暗恋女孩的贺卡，依然留到了今天。断断续续的十几年，一晃而过，女孩子已经长大，嫁给了别人，但是贺卡和这误解的感情却一直留在手中。虽然后来证明只是懵懂少年的一厢情愿，但毕竟留给了这男生年少的梦想，注入了我考出群山

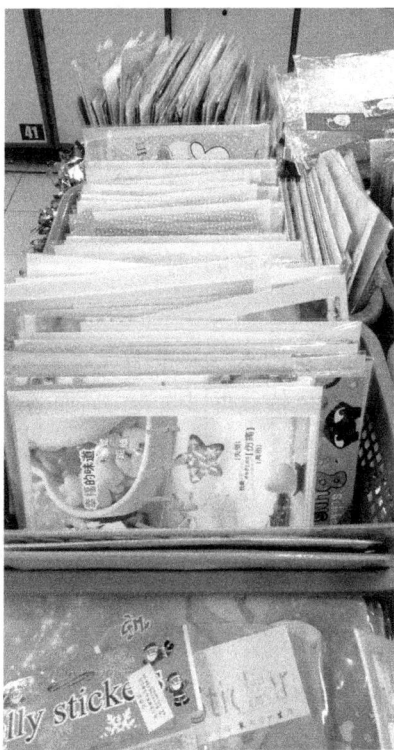

的坚定动力。这种感情是美好的，也是真诚的，虽然不见得会成功，也青涩没有内容，却攒集了年少时的梦想与渴望。这种可以用卡片记录的感情已经不多见，80年代留下了一篇篇日记，90年代留下了一封封信件，到了21世纪，先留下来的是QQ留言记录，然后是每时每刻的微博，现在则变成了微信。拿起来看看，当下的我居然拥有越来越少，刷屏的微信是一种泛滥的对话，多且没有价值，快速遗忘。所有可以握在手中的居然还是我的过去，那未来呢？我的后段人生是否没有了记录，满眼都是各种移动设备。真心怀念那个不插电的年代，怀念那个匮乏却单纯的贺卡时代。当下我拥有的远远超过了我所能承受的范围，失去的则更为可怕，是自己的健康，人与人之间交流，以及事情的真实！记起久远、简单的这份感动，原来可以触摸才是留有这份感动的存在感，曾经如此幸福。

三　冰封的时代

儿时的天气异常的冷，冬天常常穿着皮夹克外加一个大衣，寒风依然可以吹透，后面的衣服是冰凉的，后背都不敢去触碰。寒冷的冬季给我最深刻的印象就是这冰面和一直不能融化的雪地，只是那时候塞北的土地上哪里有如此干净的冰面，都是脏水冰，我们自称为尿冰。偶尔看到这冰内小枝，让我回忆起那时候关于埋藏的故事，埋藏的其实不是东西，而是心。儿时的困难让我也渴望过物质，几个不良少年曾经一起偷过玻璃、酒瓶，还有路边烟摊的香烟，拿了就跑。偷烟的那次，我和我最好小伙伴把那盒烟埋在了树的下面，因为我和他都不抽

烟，觉得没有处理的办法，也不敢带回家，只好如此。几天
后我们再去，居然没有了，已经被人拿走，当时都以为是被别
人拿走的，其实被别人拿走的是一份信任。这是多年后才想到
的，应该是小伙伴偷偷挖走，他的家境比我还差。其实我也理
解，只是突然好有感触，十多年了，原来心里的裂缝痕迹依然
可见。其实埋起来的东西都可以挖出来看看，而冰冻在心里的
东西，却不能够挖出来，永远历历在目，多年后我们和朋友分
道扬镳了，才发现其实一切都在一个小事件中注定。

四　雪地撒欢

儿时给我最记忆犹新的就是在雪地里奔跑，在大雪纷飞中
奔跑，没有任何顾及，没有觉得疲惫，没有任何恐惧，摔倒在
厚厚的雪地也像是倒在天然的垫子上，并无痛感。任大雪片打

在脸上，却完全不用担心会打湿身体，天地间一片朦胧，让自己多了一份释放的理由，没有人会看到，也没有人会在意，可能这就是为什么会记忆到今天的主要原因吧。儿时的快乐是简单的，甚至没有任何开心的理由，留给了我最身心释放的一段回忆；长大后，一年比一年温暖，没有了寒冷的冬天，似乎从来不属于我。也许我是属于冬天的孩子，也许雪花才是我最喜欢的景色。最美的花是雪花，慢慢地，见不到雪花的冬天也出现了，心里的感伤其实是一种内在的情绪，难免不让人怀旧。跑着跑着就长大了，珍惜的岂止是现在，即便再有大雪，还能奔跑吗？即便可以奔跑，还跑得动吗？即便跑得动，还有那空旷的操场吗？长大后的快乐被太多的禁锢所制约，所以才累，想想人世悲哀多数都是自我禁锢的结果，也觉得是时候反省了。生活不能重来，生活其实也不存在咸淡，滋味太多，都是自我感觉，是时候有所改善了，压力也本可以放下，我们拥有的一切都是虚无，只有感觉属于自己，何必给它定义为累或紧张呢？枷锁背的时间太长，其实我也忘记了如何放下，只是在寻觅中发现自己的错误，让我自己静静，是要回去还要继续前行的，只是儿时那些快乐，现在还存几许？

五　疾风劲草

再次回到家乡已经是 8 年以后的事情，不自觉中一切都没法重来，逝去的都是美好，眼前一片慌乱，未来又是那么迷茫，我们的世界，却因为没有了记忆就真的消失不见。我儿时好似真是在为记忆而活，家乡的风是我记忆中最为冷酷的一种自然武器，三月沙尘暴来的时候，推着自行车都很难前行，但是逆风而行的感觉却属实不差，有着压力前进才会感觉到身体的存在。多年后爬上儿时常去的山顶，拍到这疾风劲草，才发现自己并没有改变。当年的寒风只是让我变得更加固执而坚定，有好也有不好，坚定地让我走这条别人理解不了的道路，也让我固执于所有的特立独行，直至伤害到我自己。但那是骨子里已经注定的东西，是性格所致，人格的魅力就如此，没有好坏却只属于自我，所以要坦然接受这个不完美的自己。今天的寒风并没有什么变化，只是自己的懦弱和恐惧在经过世事风

雨后，变大更像是放大，在乎的东西越多，越是怕失去什么，越是怕失去什么，就越是抓不住什么。想想可能是我拥有太多的结果吧，自己小小的内心无法再盛装，才会让我心里溢出恐惧。焦虑就是一种极度的恐惧，是心理的一种自我保护意识，因为它看到了我自己的固执或是强迫，这样一直下去会伤害自己，所以选择了一种自锁，显示出的任何恐惧都被无限放大，如太怕死、太怕失去等，结果也会是彻夜难眠，待心理的执念放下之后，这种自锁也就解锁了。自我疗伤的过程一边是放下，如生死或是病痛，另外一边则是放假，让自己去和内心成为朋友，而非敌人，给你放假的领导你总还是喜欢的，可能这是个好办法。

六　关于记忆

如同脚印，踩过就无法抚平，而孤独是每个人的必经之路，随着成长越来越重。多经历孤独并不是什么坏事，热闹是一群人的孤单，孤独是一个人的狂欢，说得真好。很多人说生活要过才可明白，其实也只说对了一半。生命很多时候是品出来的，品则需要孤独，看到恋人结婚了，新郎不是你；看到朋友高升了，高薪不是你；看到年龄又多了一岁，你还是你的时候，其实只说明你还不够孤独。一个人的寂寞是属于早起的人，如这雪地上的脚印，没有同伴，也没有陪伴，但却充满勇气。生活就是这样，太多时候需要孤单去走这一程，让自己冷静，呼吸一口空气中的寒冷，这就是社会的味道。孤单也是一

种美，属于你自己的道路，不在意到底有多远，也不在意有多偏，但却属于少数人。是选择孤独一个人去狂欢，还是选择与一群人孤单，是每个城市中的过客所需要思考的。我选择了孤单前行，擦干泪水，放下一切已经得到的，只为了换个活法，重新开始。人生总是这么有意思，失去之后才会给你得到，而你得到了才会发现你想要的不是你真正需要的。

七　我和儿子

关于成长的故事，关于那些和儿子一起成长的故事，这照片总让我想起多年前希望工程的山区孩子，据说那孩子现在也已经成为一个白领，彻底脱离农村的生活。看着这个有点不争气的儿子，却充满了爱意和悔意，虽然我并不是一个合格的父亲，经常暴打孩子，但却努力想成为一个好父亲。因为这个职称，并不是每个人都可以做到，我只是努力地按自己的想法去爱，去做，有时候暴躁，有时候溺爱。孩子也多受了我的影响，总会害怕，有点懦弱，只是不会表达，终究是我的特点，希望多年后孩子可以体谅，毕竟我也没有经验。生活在最困难的时候，常常会觉得自己难以坚持下去，不太健康的状态，心理总有失衡的时候，儿子却能给我安慰，他告诉我人要学会了解自己，要学会改变自己。我摸摸他的头，但只能告诉他真相，了解自己需要的时间，而改变自己则需要办法，但还是很感动。想想人为什么要有家，因为我们都会倦，都会冷，都会孤独；想想为什么会叶落归根，因为我们会有回忆，会有怀念，会有回到那片踏实的土地的想法。想想他或她，却都是生

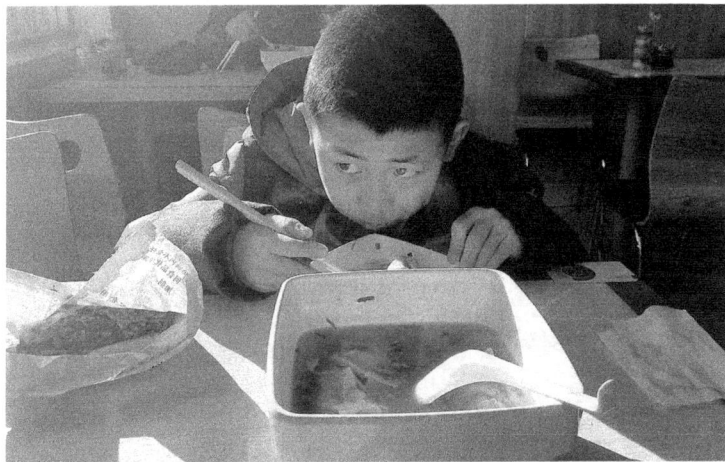

命中不能或缺的角色，我们活着的勇气其实来自于他们。前几天鼓起勇气给每天晨练都会遇到那人一个微笑，她却笑得比我还灿烂，所以，珍惜、珍视才有珍贵！每个生命中路过的人，每个路过的时间，每段路过的感情都是如此美丽动人。我的儿子，虽然难以表达我对你的爱，却相信你是坚强的，不管何时何地，做你想做的事永远都不嫌晚，可能做得很好，也可能很糟。我希望你能充分利用时间，希望你能看到令你吃惊的东西，希望你感受到从未有过的感觉，希望你遇到具有不同观点的人，希望你过上让你自豪的生活，如果你发现生活不如意，我希望你有勇气从头再来。

八　从未消失的爱

细数着一次又一次地下通道卖艺乞讨的所得，一共大约是

1500 块钱，日后为了治疗这难以结束的慢性咽炎，用了不下一万块钱，但依然没有治好。但在三年间却做到了执迷不悟，因为这何尝不是一种自我实现，只是那个时候还可以消耗自己的身体，冬天冻的是腰，夏天坏的是肺，地下通道的雾霾总是难于消散，那个时候还不觉得疼，等后来才懂，也不算晚。开始总会有结束，等没有兴趣的时候再放下，或是真的走不动，或也才是真的不留遗憾。这段经历让我感悟了人性，在人来人往之间考验着冷暖，让我了解人与人的炎凉，让我看到陌生人的世界是一种什么样的状态，如同不在一个星球的感觉一样，无视和回避，而我也不会辜负所有的怜悯或是尊重的目光，虽然很少，如桌上的这些钱，有小有大，来自普通的路人，但无一不是一种人性善良的证明。晚上，把几个月的所得分分类，第二天早上会把这弹唱所得的收入换为整钱，为下一次给贫困地区的孩子们购买文具做准备。这份被转达的爱心，是我仅能够完成的心路历程，虽然时至今日，并不曾留有遗憾。人生总会走过一些别人没有走过的路，没有对错，只是随了自己的心愿，也并无道德约束，是我人生中曾经的美好。这钱并没有完全赠予出去，但仍还在继续，并不会停歇。生命的坚强从内心而言，其实还是来自于这些认可的眼神和鼓励，有些东西不曾放弃，不曾软弱，那种爱的力量从未消失。

九　尊重自然

曾奔走于大江南北的各式山村，写成了《消失的民居记忆》，只是回头看看，终觉得山里的人生活得很好，很知足，很幸福，是我们这些外来的人带给了他们诱惑。留存文化，保

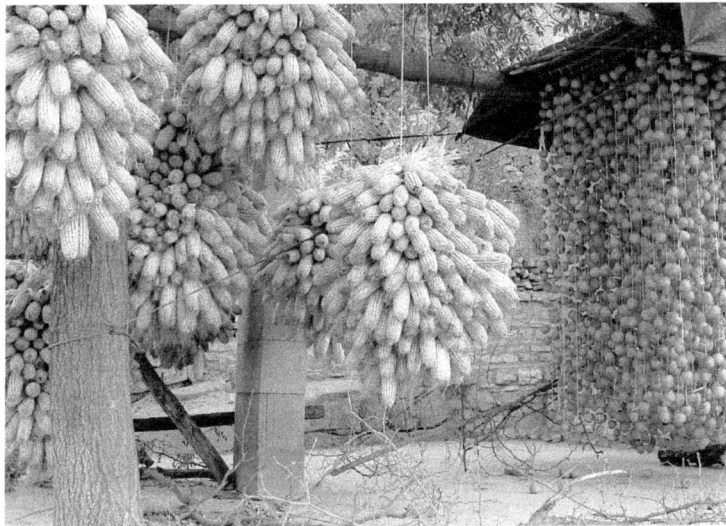

留淳朴，需要的是净土，而不是我们的脚印。照片是山东的农村，那次行程我给那里的孩子买了文具，之后再没有见过孩子，因为农村的生育人口越来越少了，而可以带孩子的老人也越来越老了，所以那些讨来的钱从此没有了去处，再后来地下通道的生活也就结束。离开内蒙古之后，民居之旅的最后一站就此完结，文字收集工作进入了尾声。文笔之间，很多回忆，还记得澄县的阿姨把留给儿媳妇的自家核桃带给了我，感激不必言说；贵州侗寨长桌宴的豪情和暖意，留下很多善意；蔚县老房子那白纸糊的窗棂，灵动而穿越，太多美好，才觉简单真挚还是存在于农村。忙碌的城市都是年轻而迷茫的面庞，孤独的农村满眼是老去的老人和荒废的老宅，每次行程都感受很深。城市的胜利是另外一种悲哀，那些渐被遗忘的角落才是心灵的归宿。遗失已所剩无几，但我却无能为力，回到大都市，整理完书稿，开始了焦虑的投稿和等待，变为这个城市简单而焦躁的一员。等待之中一场突如其来的气管炎，让我的精神世界彻底坍塌，健康的小问题，却彻底焦虑，其实之前已经说过，只是最后一根稻草，但是人生的懵懂期却是适时地走过，结束的代价是身体和精神的极限，对于生活和生命的自我了解，从此开始。

十　欣赏自然界的美和感动

春天的蒲公英，蓄势待发，等风来，等风来，乘着旭日阳光，起飞吧，倔强的生命总是忘不了蒲公英，与世无争又充满力量。最早的几个月我体验了没有任何快乐的生活，这是生命

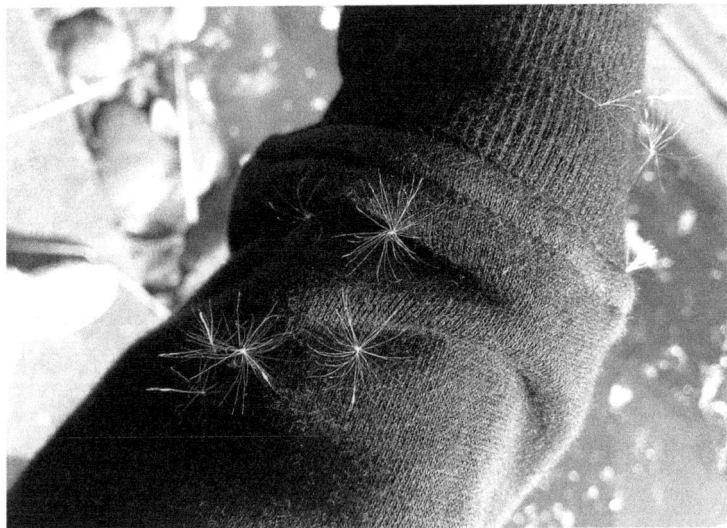

失去色彩的开始，我天天揣测还有什么可以引起自己的兴趣，
而不至于让我如此惊恐和紧张，让生命一点一点地暗淡，觉不
出希望所在。平时喜欢观察的那些细微，这时选择了无视，确
实是无力的挣扎。直到整理本文，回溯这些照片的时候，才发
现自己的灵魂其实一直并未走远，还在观察着生活中一点点的
力量，这些细节是我不可遗忘的美好感受，让我证明自己的灵
魂依然活着，还有力量，并没有彻底沉沦。虽然病痛折磨每一
寸灵魂，但我却深深感知着生命的伟大，那就是强大的自愈能
力，内心的力量是向好的，这是人类可以进步的主要原因，同
时也是人类强大的接纳能力，是强大的生命力的体现。放下执
念，让自己变得轻松，就是这飞舞的蒲公英种子，因为轻微，
才可以播种希望，才可以让自己迎风飞舞，让自己也可以随遇
而安，这样的生活其实才是生的本质，也是真实的美好。

十一　希望的美好

一个去过的小店面，充满了各式客人的留言，惊艳了得，许个愿，也许就是为了多年之后还愿所用，拥有心愿的生活是美好的，人世看过太多的惊奇和不按常理，当我们走过路过，或是错过，多年之后，还可以小心翼翼地打开多年前的愿望，多数会变得幼稚或失望，但我认为人还是要心存希望的。多年前为了娶到自己深爱的姑娘，许下了很多的心愿，经历了血与火的惨烈斗争，如今心愿实现了多年，似乎婚姻生活并没有那么动人，这样的愿望是否变得平淡无奇；后来为了通过职业资格考试，拼命了 6 年，为了可以参加考试，甚至给监考老师下跪，这样的心愿终于感动上苍，终于通过考试，结果换来了钱，再后来自己依然平庸；于是为了提升专业，来到了北京，削尖脑袋进入了一个超级大院，玩命工作，终于完成了自认为的大项目，只是还是很贫穷，成果最终也与自己并无关联，此后没有了继续深造专业的信念。生命已经走过一半，没有剩下太多的能量；随后用人生第四个十年中的宝贵四年完成了四本书的写作，也算是从小的一个愿望。对于一个从小学一年级直到高考语文都不及格的孩子而言，这其实是个难以完成的愿望，但我还是和恶魔做了交易，用尽了剩余的所有力气，换来了书的出版。当然交易就是交易，他们耗尽了我最后的能量，但生命对我而言也是公平的，虽然经历了很艰苦的过程，但还是实现了我这些沉重的梦想。虽然这些心愿并没有治愈心里的欲望，回头看所得，欲望驱使我前进，但也燃烧自己，直至成

伤，后来才懂，拥有的其实本就是属于你的东西，耗尽的却是
不一定要失去的健康，但似乎我也没有什么遗憾的必要了。其
实他们当时真的很重要，在那些年月中，这些愿望支持我走过
了无聊、空虚、沉默、艰苦的每个生命历程。今天我还可以站
着迎接风雨，只是因为希望是美好的，虽然现在的愿望可能未
来看起来并不显眼，但却是支撑自己走下去的必须力量，也是
人生中的一步一步坚定而扎实的脚印。不曾遗憾，更不用后
悔，但求宽容自己，让自己还可以再次起航。

十二　景色的美好

在这个铁塔下生活了四年，自己的专业就是电气技术，很
不了解自己的焦虑状态是不是和这高压的电磁辐射有一定的关

系，但关于自己的病痛差不多找了很多的实验办法来做验证和治疗，像是持续服用维生素 B，或是选择针灸，再或是选择中医，还有森田疗法，或是西医的精神科。问题的出现是一个过程，而问题的消失则是另外一个过程，办法试了很多，最后可能还是要退回到自己的专业角度来试试，需要离开这高压的铁塔，需要离开这憋闷的环境，只是对这美景多有不舍，有了对比的蓝天白云，才有了这铁塔的突兀。美景数不胜数，之前的文字也已经赘述很多，只是这张照片，是一种工作过的证明，证明了自己蜕变的一个年龄段，接近四十；一种特殊的工作状态，没有工作量，每天无所事事；一种特殊的工作环境，没有聊天，鲜有交流，最后也是憋闷，人也会焦虑。只是美景无罪，心里的所有美好，如这平凡的景色，已经是十分难得，儿时的蓝天白云，这几年中变成了奢望，自己的心理状态也是如此，悲多喜少，但是不能因为悲多，而忘记了喜。美景是人生中难得的一种享受，是大自然的馈赠，即便心中骇浪阵阵，看到这样的景色，觉得世界其实还是很美好的，活着的每一天是多么的不容易，是多么值得珍惜。景色无处不在，美景动人之处，是因为可以让我动心，可以让我不曾遗忘世界的美好，再难再苦，日子还要过。每个痛苦，都觉得值得回味，不再苛求生活恢复曾经的状态。现在的美是另外一种美，精彩的人生如美景一样，各式各样，需要苦中作乐，所以各种治疗的实质还是需要改变自己的心境，让自己心宽，才可逆转。

十三　美食

　　照片摄于新加坡美术馆下的 DOME 餐厅，喜欢吃西点的爱好，就从这时候开始。人对于甜的爱好始于婴幼儿时期，可能是这种感觉太过于美好，所以孩子都不能控制对于糖果的诱惑，而我则是一个没有长大的老小孩。小时候的贫穷让我没有体验过太多美丽的滋味，这在长大以后改善了很多，最近几年每年都会抽空让自己去国外走走。美食是我一生中很大的享受，尤其这样的西点，不了解是做工还是材料，让我在国内都少有遇到，总是差那么一点。生活的美好不可或缺美食，我的旅行意义也大体如此，只是咽炎之后的嗓子无法再承受任何酸甜的食物，因为会生痰，会让我觉得胸口憋闷，反而会影响到情绪，不能品尝酸甜让我的生活失去了这种美好的感觉。咽部

的不适，是很多焦虑情绪的第二体征，尤其需要注意，主要以扁桃体的不良反应居多，尽量不要反复吮吸，侵扰只会让这种反应加剧。扁桃体病症会引起患者呼吸不畅、呼吸困难、睡眠时打鼾、咽喉部异物感，它的不舒服更多为远端器官的近端神经表现，譬如气管炎、哮喘等，最佳的方式是尽量平复心情，转移注意力。扁桃体的不良反应其实多是一阵阵的，神经端的反应也是一样，越是侵扰扁桃体，越是隔靴挠痒，反倒让心情焦躁。如今拿出这张照片可能仅仅是回味吧，那种美味的感觉想着都可以让人口水直流。健康真好。没了美食，我还是决定让自己坚强一点，其实自己的身体还好，一切的问题都是敏感造成的，对于敏感的成因一边是太过感性，一边则是太过挑剔，当然这确实是病，不能忽视，可以脱敏治疗，但也可以说这不是病，是一种身体的自然排异，像是焦虑的成因，多点迟钝或可以解决。不拒绝新鲜事物的感觉系统，是一个不会焦虑的身体构造，所有要学着尝试各样的美味。

十四　拥抱自然的美好

这几年在一个乏味的单位，却因为一个居于村镇的同事而知道了一块世外桃源，各式的果树，从春天的桑葚一直到夏天的油桃，品种很多，却没有人管理，因为这是村民为了拆迁而种上的，只是拆迁迟迟没有到来，到是便宜了我这个喜欢自然的无事者。但是这样的景色很美，虽然水果大多都有虫子，但是自然界的生存也就该如此，我也就是和虫子抢食物，其实未必好吃，倒也不是贪图不用花钱，只是觉得能够和自然界存于

一起，是我内心的愿望。我们来自自然，被人为改造的痕迹又太过明显，自然界就该有蚊子，有吃蚊子的蜘蛛，有吃桃子的肉虫，有吃肉虫的甲壳虫，但是大家又共同努力地营造着一个平衡，维护着各个种族的存在和繁衍，自然的美好是源自一种本质的规律，可以和自然亲近是美好的，让你可以心存简单，让你感受自然的宽容和残酷，也可以看到人性中原始的那一面，因为我们也曾出处于此，让我们了解生物界的规律，感叹生活是美好短暂的。人生一世，草木只有一秋，过得很快，多有些感慨，一百多天转瞬即逝，生命却还漫长，涨潮了又退潮，去年的桑葚已经定格，今年又是别样。世事轮回无常，却有那么准时。人世草草，虽同是无常，却也同是那么准时。事情总有正反两面，能把两面都拿来享受的人却不多。感受四季，不带偏见；感受病痛，也不带偏见。

十五　失控的痛苦与被控制的烦恼

故事写到这里也快近尾声，不知道我的痛苦读者是不是理解得了，但是大都市的毛病却是或多或少地存在每个人的身体内。最近有一首网络神曲很火，叫作"感觉身体被掏空"，意境可以理解；而另外一个"葛优躺"则也是同时共鸣着。我想这样的感受，可能很多人都存在，每个人试图解脱，又在挣扎中越捆越紧。我是一个初级精神病患者，曾经也尝试去自我的左右互搏，但其实是徒劳也是焦躁的。于生命而言，我的 40 载春秋我想已经足够的精彩；于人生而言，慢慢人生路，我想已经无怨无悔了。曾有太多的责任和愿望，如珍惜家人，珍惜

朋友，但是珍惜自己却很难，这也是多数强迫症或是焦虑症的共鸣。向死而生，将是强迫症的最后药物，虽然不能治病，但不至于让我绝望。照片是我第一次放起来的风筝，不高但是有自己的位置。上方飞过的风机，看似距离并不远，但其实很远。虽然我们处在同一片蓝天下，我们的差距是巨大的，我的这个小小位置，不能妄想着飞机的高度。如果再高一点，这白色的线绳总有放尽的那一刻，断线的风筝并不能远走高飞，只会坠落。人生如此，自由其实是一种真实的奢望，并没有真正的自由者，但是不让心失控，却是一个自由者又必需的经历。自由但不迷失，这照片中的道理已经了然，找好自己的位置，找到自己的高度，那个空间已经足够用一生的时间去游弋，不与飞机去比高，因为它同样享受不了你的幸福。我们守好自己的轨道，生活自然会相安无事。

十六　结束

　　海边的篝火，这是生病比较严重的那一段时间，没有嗅觉

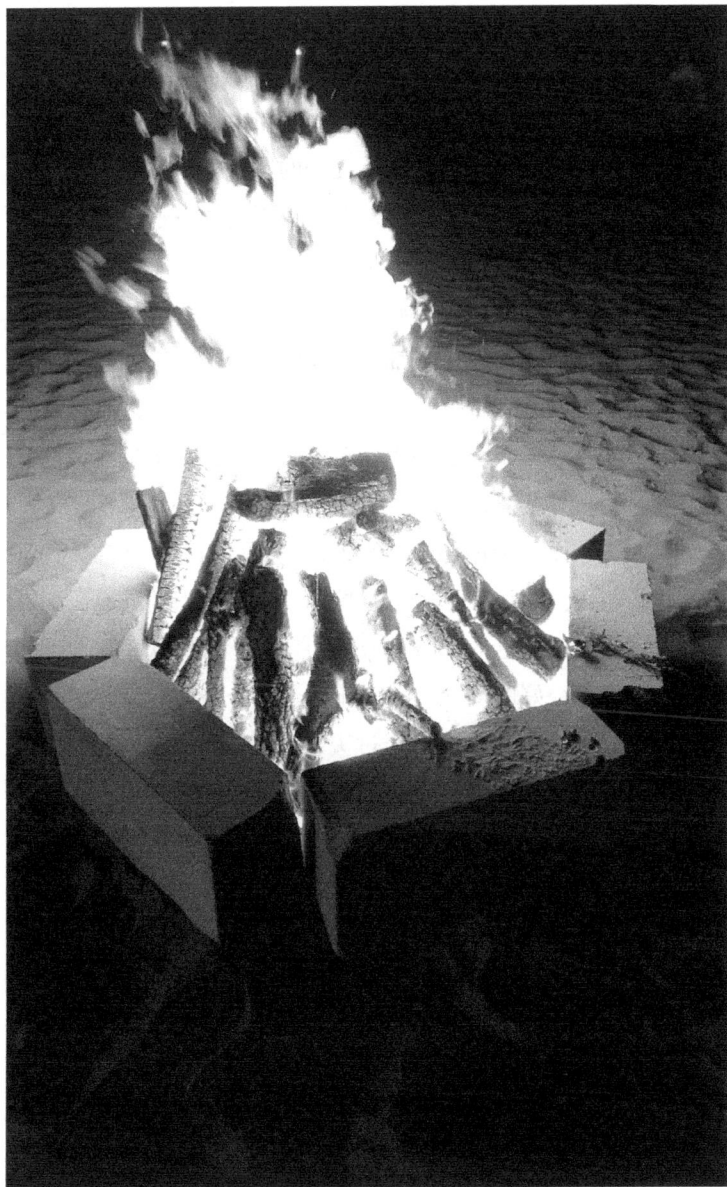

和味觉的这段日子里，发现原来没有了标准，事物可以变得这么好，之前是太在乎自己的感觉了，认为一切都应该是那么理所当然。其实并不是，没有味觉和嗅觉的日子里，原来味道和气味也可以用来怀念的，美好的不仅存于过去，而更是当下的一种珍惜。时间很漫长，但谁也不会觉得过得慢，几十年一瞬间就过去了，留下的都是记忆碎片。忘记所有的平淡生活，于痛苦也是如此，刚开始的痛记忆犹新，每天的痛苦变成了习惯之后，就发现连痛苦都变得模糊了，甚至于已经开始了遗忘，其实也就是一百多天，这就是一种习惯。人的生命之所以伟大，就是你难于去了解生命有多么顽强，甚至是在你已经绝望的时候，其实它还是有很大的富余量，只是为了自己不至于达到底线，而给于你各样的警告，焦虑、强迫、抑郁大约都如此。虽然我不能说我已经可以控制自己潜意识的泛滥，但我确实能够感觉到自己的那种适应能力。虽然依然软弱，但那种韧性，已经是最好的回应。我对于明天、今天依然年轻，好好活着，每一天都是精彩。对于过去，今天用美来审视；对于未来，不去奢望。

（后记）写在之后

　　站在 2020 年来看焦虑，曾经的焦虑或许只是对于精神体系的一种提前历练，虽然还是会把那种恐惧放大，但对于死亡的焦虑，因有过那么逼真的体验，这个时段的躁动反而不再明显，有些麻木，甚至会对他人的惊恐，觉出一些不理解，这或许是曾经焦虑的一点好处。

　　回溯出版后的两年，加上出版时的一年，再加上写作的一年，这本书的生命也已四年有余，其销售如人生颠簸，一波三折，还好没有放弃。

　　《人生百天》出版后销售并不顺利，没有营销推广，如路边素颜的凡俗女子，普通得根本不被多看一眼。支撑它上到台面，全凭坚信这本书的有用，相信它是经得起时光清淘的金子，这其实也是焦虑情绪的优势之一，但难免仍有些偏执。

　　即便如此，本该欢心，却又发现被人用异样眼神看待。心想，坏了，定被当作了精神病人。诧异，心冷，却觉得无从解释，已无推广的冲动。

人们对此类话题多会选择回避，并不出乎所料，换作曾经的我，可能也如此，而病愈后写作的我则有些天真，以为发现了秘密，人们会关注那些困扰，其实不然，更多人宁愿自欺欺人，顶着重重压力，却自认精神健康。其实曾经的我也如此。同时作者缺乏专业高度，不能让人信服，也是普通读者怀疑的理由，接纳陌生人，当然很难，故恶劣的名称，沉重的话题，避之不及，可以理解。

这里其实存有误解，此书并非给焦虑症患者来看，因我个人的性格还算坚韧，即便如此，也不敢说彻底治愈焦虑症，更多是变成与焦虑的一种和睦相处，而每人情况各不相同，很难类比。医学困境非我能力所为，专家可以理解其病，却不能理解其痛，而这才是本书的特点，能够展示一身伤痕的勇气和真实，才能给人震动和觉悟，所以它是写给曾经的我，现在的你们。

对于焦虑情绪的发现和预防才是本书的核心，望凡人不可对自己急功近利，索取无度，与自我宽容，达成和解，对于社会及这种生理通病有个了解，可以有些预判。因为社会的快速发展，巨大的生活压力，焦虑在所难免，遇到问题时，不至于像我当时那样慌张，我想这是本书存在的意义。

但其实出版后，我心理经历了一系列的变化，最早是信心满满，后来又是彻底失望，到了现在，反而心态平稳许多，与焦虑的自我控制，如出一辙。

刚出版时，每个作者都认为自己写的是一部经典作品，其实只是一厢情愿，因为没法上架，仅是偶然有那么几本，自然无人知晓，这是个消磨意志的过程，好在有偶遇的读者，他

（她）是一面镜子，能够反映书籍的某个闪光点。

　　刚第二遍读完《人生百天》，并且做了近四十页的读书笔记，光这四十页的读书笔记，就足以昭示这本书在读者心中的位置。这是一本并不厚的书，却涵盖了作者诸多的经历和感悟，关于社会的，环境的，以及普通人的生活状态；关于梦想、挣扎、病痛、亲情、友情、爱情等，都有深刻的解读。这个世界很大，在数亿平方千米的地球表面之中，在六七十亿的人类中，今天有幸读到这本书，源于很深的佛缘与福报，我们是幸运的有缘人，这一切都是最好的安排！一本好书是我们心灵成长的土壤，会使我们的心变得坚韧而有力量，会使我们的心变得有温度，心冷了，一切都遥远，告诉我们，看远，看透，看淡，即使置身风雨，内心也要明媚！人生永远都是一场选择，只有战胜了苦难和屈辱，才能拥有长久的快乐、幸福和爱！

　　这样的回复如约而至，看着那几十页的读书笔记，我相信哪怕仅有一个读者，哪怕只有一句话打动他（她），也该让这本书被更多人知晓。再后来，一次次的重印，却不能放量，每次印刷的数量都不多，心灰意冷，恰恰这个时候又有一位读者突然出现，恰到好处，她说的也对。

　　这书是你真正的情感表达，就跟风格片还是商业片一个道理，
　　为了票房拍漫威就好了，

所以我才会买给我身边需要的人；

对我有用，何况别人，
我觉得你也不会太在乎销量，
该看到的人看到以后心领神会，是书的最终意义。

确实，我真的不为票房，更多的是一种社会责任，这在销售最低迷的时候，给予了我些许安慰。

其实最要感谢你是您，是您的书，改变了我，重新燃起对生活的热情，感知到这世间多美好，不再强求许多事情，感觉到，有那么值得爱，值得付出的事与人，内心充满激情与希望！

看到这话，我显然无法拒绝，知道未来很难，也许还会有也许，也许不该就此放弃，但其实没有也许，这是我心里的必然选择。决定再修改一下，不留之前的遗憾，尽量让它成为一副有用的药。

《人生百天》或真的一无是处，或太自我，或前途暗淡。但每次怀疑，每次准备放弃，每次又有读者出来鼓励，偶然地让我觉如天意，无法否定自己的初衷，仍坚信这是本有用的书，用另外一位读者的言语作为这后记的结束。

想不起来缘于哪天，缘于哪句话，缘于哪个起始，接触到一个内心丰盈的人，继而有幸却更有缘读到一本很独特而倍感亲切的书！

　　那流淌于笔尖的文字是对外物的敏感，是对内心的解读，读来似曾相识，原来我也有这些情感，只是无才无能无力去书写！

　　看的

　　思的

　　想的

　　念的

　　感的

　　悟的

　　坚持的

　　放弃的

　　悲伤的

　　痛苦的

　　……

　　种种……

　　我们如此的不一样

　　我们又如此的一样

　　　　　　　　　　　　　　—— 闲暇随想于办公室

白永生

2020 年 9 月